10個關鍵詞
讓管理完全不一樣

Management in 10 Words

by Terry Leahy

泰瑞・李希——著
王譓茹／陳重亨——譯

目次

自序

我在一九七〇年代加入特易購（Tesco）時，只是個行銷生手，但野心勃勃。當時英國的零售業還相當不成熟，正在擺脫折扣商店名號的特易購，只賣食物，在英國海岸以外也沒有別家分店。特易購在一九八〇年代迅速成長，但直到一九九〇年代中期，仍然落後位於英國高街（high street）①的兩大零售巨頭：桑斯博里超市（Sainsbury）②及馬莎百貨（Marks & Spencer）③。

我在特易購當了十四年的執行長，二〇一一年離開時，特易購的成長已超過桑斯博里超市及馬莎百貨的六倍之多。現今，特易購是全球第三大零售商，一共擁有六千多家店面，遍布歐洲十四個國家、美國及亞洲。特易購已經深入全球一半以上人口的生活之中，銷售產品非常廣泛，從麥片到保險，手機到香蕉，衣服到平板電腦；無論在實體商店或虛擬網路上，每星期都有上百萬名顧客到特易購消費。

---

① 譯註：在英國是指城鎮或都市的主要商業街道，相當於美國的商業大街。
② 譯註：一八六九年成立，目前在英國排名第二，規模緊追特易購。
③ 譯註：簡寫M&S，英國零售業龍頭之一，一八八四年創立。以銷售服飾及較高價的食品為主。

特易購的轉捩點，是英國商業史上最非凡的事蹟之一。那要歸功於許多因素的組合：努力不懈地提供顧客有價值的商品及服務，以贏得顧客的忠誠度；持續地創新，例如創立顧客忠誠會員卡制度、零售服務、新產品規格等；以及最重要的是，員工一心想成功的意志力。

我原本無意寫書。這要感謝史坦恩（Danny Stern）鼓勵我，把平時一系列的談話編輯成一本有關管理的書。此外，我跟編輯威卡克森（Nigel Wilcockson）合作得很愉快，他總是不斷鼓勵我，而我對於他能將我想要闡述的理念，塑整成一致性的架構與風格，令我讚嘆不已。另外，我對布里吉斯（George Bridges）始終如一的支持我、提供我無以計量的協助、忠告及建議，著實銘感五內。

我真的感到很幸運可以在特易購工作，並遇到很好的同事。如果要一一列舉他們的名字，恐怕可以寫成一本書；但如果只列出一些人，對那些被略而未提的同事，我又不小心冒犯了他們。我在特易購工作超過三十年，幫助我的人實在太多了，少說也有好幾百人，我實在無法從頭開始列舉。大部分的同事都曾對我釋出善意、好心地協助我，也有很多人給我非常重要的幫助，還有一些朋友與同事多年來也都很耐心地支持我、賜予指教。

還要特別感謝我的內人艾莉森，還有我們的孩子湯姆、凱蒂和大衛。從他們身上我獲得了愛、支持與歡笑。

前言

會議室裡坐滿了英國政府的男女官員，這些高級官員提出的問題，就跟我一再被大家問到的一樣：「您是怎麼辦到的？」「究竟是什麼因素，讓特易購得以從一家原本苦於掙扎求生的超市，以及在英國屈居第三的零售商，蛻變成為全球排名第三大的零售業者？」①

「非常簡單，」我說，「我們的宗旨，就是堅持不懈地提供顧客所需的商品與服務。為此，我們訂立了一些簡單的目標，建立一些應該遵循的基本價值觀，創設一套能夠達成這些目標的流程，並確保每位員工都能知道自己身負重任。」

（現場鴉雀無聲）

（禮貌性的乾咳聲）

（有人往杯裡倒了些水）

①譯註：以營業額計算，排名全球第一及第二名的，分別是美國沃爾瑪（Wal-Mart）及法國家樂福（Carrefour）。特易購遍布亞洲、歐洲及北美洲等十幾個國家，不但是英國最大的連鎖超市，也是馬來西亞、愛爾蘭共和國及泰國等地最大的連鎖超市。

（這下變得更寂靜了）

這是行政官員開會時最普遍的反應了。「就只是這樣而已？」一位官員終於忍不住提出了疑問。而我的回答是：「對，就只是這樣。」

這本書是關於我在特易購成長期間獲得的經驗。讀者可能會覺得大部分的內容都很簡單，也淺顯易懂，然而，就像我在世界各地遇到不同文化的人，或是跟不同國籍的人共事時所感受到的一樣，我也很訝異地發現，原來不單是做生意這件事，就連生活本身，其實都是奠立在一些很基本、簡單的道理上。不過，正因為這些道理太淺顯，所以大部分的人都把它們拋諸腦後，很多聰明人甚至忽略了它們，並把「簡單」誤解為「簡化」。其實，我們一直以來之所以會有這種想法，是因為我們生活的世界太複雜，才會理所當然地認為解決問題勢必也是相當複雜的一件事。

因此，許多人認定自己根本就沒有能力解決問題，而且總認為解決問題是別人的責任，如果不是由像你主管那類等級的人來負責，那就是他們的主管，或是國家元首、聯合國祕書長之類職位的人。總之，就是除了他們自身以外的任何人。他們很輕易就相信，這個世界根本就困難重重，我們無時無刻都得面對很多難以克服的挑戰，想要發揮野心、實踐夢想，根本就是遙不可及的事。無論是在政治界、私部門還是公部門，大多數人都選擇認命。我認為，現在該是大家重新思考的時候了。

這個世界確實複雜。我們所面臨的全球性挑戰，像是人口增長、氣候變遷，以及如何規範全球經濟體系等，統統都是複雜難解的問題。在企業中，數位革命對產業結構的影響，像迷宮般難以理解的規範及法條，以及金融市場的複雜性等，使現代人的生活比以往更加錯綜複雜。然而，無論是面對全球性的挑戰，或一家公司的管理問題，其實最簡單的解決方法，就是良好又持久的解決方案。那是我們大家都可以了解的方法，往往也是奠基於明確價值觀和原則的方法，所以每個人都可以明白並掌握。

我在特易購成為今天這個規模的過程中，學會了這些基本經驗，並以此克服了一些艱深複雜的挑戰。撰寫這本書的目的，就是嘗試與各位讀者分享這些經驗。全書以十個箴言說明最基本的管理本質，這些都是從我的經驗中得來的。我希望**凡事以最簡單的方式來解決**，這多少反映出我個人的一些特質：例如，很多人說我不太懂得人情世故，過於坦率，說話又直中要害，這倒是真的。遇到重要的事情，我就是直言不諱，有時確實免不了會冒犯到別人，但至少可以避免不必要的誤解。

這本書並不是有關我在特易購的職業生涯發展史，雖然接下來我要談的，顯然都是根植於我在特易購三十多年的工作經驗。特易購的故事還是進行式，而我僅僅是其中的一個角色，是它整個發展過程中的一部分而已。我期待讀者接下來會讀到特易購一些成功的關鍵，但請不要誤會，特易購的成功並非單一個人的功勞，而是成千上萬的人朝向一個共同目標辛苦奮鬥的成果。只要是有關我職業生涯的書，都可能會給大家一個錯誤的印象，認為特易購的成功完全是我一個人的功勞。確實，當我自己第一次讀這本書、甚至再讀一遍時，我都還不時擔心，我可能會造成大家這類誤解。如果是這樣，在你們還沒閱讀第一章前，我在此先跟大家致歉。傲慢，是常見的過失，也是我希望自己能避免犯的錯誤之一。

經營事業不可能不會犯錯，我當然也免不了有所失誤，例如我擔任行銷總監（Marketing Director）時第一次做的廣告宣傳、我們企圖在各家分店裡面設置餐廳，以及我們在台灣發展失敗等。要列出清單，將會是很長一串。這些也反映出一個事實：**商業就是冒險的事業。不涉及風險的決策，不是會讓事業輝煌成長的決策。訣竅在於從錯誤中學習，這些錯誤才不會成為致命傷**。

如果今天我要為我在特易購犯下的錯誤接受審判，我很肯定我的律師可以為我做一些答辯，也可舉出其他我該認罪的案例。然而，我寫這本書的目的，並不在於讚揚我所做過的決策，或為之辯解，而是要傳授我在事業生涯中學到的經驗與教訓。至於功與過，我會留給別人來當法官、陪審團做裁定。

雖然這本書有很多經驗來自零售這門專業領域，但它其實不只談零售業。無論讀者平時做什麼、或從事什麼工作，這些經驗都很實際，適合大家運用。當你讀到「顧客／客戶」（customers）這個詞時，千萬不要認為「我並沒有客戶呀！所以這本書裡面談論的，根本與我無關。」幾乎每家企業都有客戶。在私部門，一些公司可能會談到他們的客戶，或是所謂的「買家」（buyers），買家指的就是他們的客戶。對公部門來說，一般公民雖然沒有直接參與錢的流通，但他們「通常」就是公部門提供服務的使用者，也就是公部門的客戶，因為他們已經藉由納稅支付了費用。我用「通常」這個詞，是因為有些服務是沒有選擇的，也就是說，公民只能接受公部門提供的服務項目。如果公部門經營得很成功，那這類組織也必須具備相當明確的目標、流程和其他一些特性。後面我會補充說明。

這本書也不只是專為大企業中居高臨下、對未來感到憂心忡忡的管理高層所寫的。書中許多的觀察及經驗，都與管理的任何努力息息相關，無論事大事小。

我希望再次強調，即使讀者不認為自己是個管理者，你可能還是會發現接下來的內容對你的日常生活有所助益。如果你在一家小公司工作，或你是小團隊的一員，你的機會便在於如何處理好工作中的人際關係、如何做出艱難的抉擇，以及如何擬定和實施各項計畫。而這本書無疑可以幫助你。它不是像一些神奇的萬靈丹，或像蛇油推銷員舌粲蓮花說的「成功和幸福的祕密」。如果是的話，你很快就會討回你的錢（而我身為零售商，把退款視為一種失敗）。我現在就可以讓你們大失所望，因為人生並沒有所謂像銀子彈命中靶心那般，幸運地就能擁有幸福人生和成功事業。任何告訴你有那回事的人，是在撒謊。但是，這世界確實有一些簡單的真理，再加上辛勤地工作，就能增加成功機會。這就是一切。

我應該在我的「並不是」名單上再添上一項，那就是：這並不是一本關於我——泰瑞・李希的書。我只是個個人，並不是公眾人物，所以我拒絕了很多記者的訪談邀約，這可能使他們惱怒，因為他們很善意地以「個人訪談」的名義邀約我談論「我的生活」。要我將我的生活公諸於世，讓我感覺不是很舒服，因為一方面，我的生活著實與大家無關，另一方面，我實在無法相信有人會對我的生活感興趣。

說了這麼多，我想接下來讀者必須先了解我的一些背景，才能明白我在書中寫的一些事情的緣由。一切都與我的信仰和價值觀密切相關。所以，斟酌了一下，準備開始訴說我的簡史了。

我父親出生於愛爾蘭的斯萊戈郡（County Sligo），是家中十個孩子之一。他那個時代有機會移民到美國，他原本也有意移民，但因為熱中於賽獵犬的賭博，之後命運就改變了。有一次，他在獵犬賭局贏了一點錢，結果，他還是離開了愛爾蘭，但不是去美國，而是利物浦（Liverpool，位於英格蘭西北部的城市）。如果當時那場賭局失敗了，那我現在很有可能就是美國人了。

我父親是名木匠，第二次世界大戰爆發時，他加入了海軍艦隊。在大西洋戰役中，他們的船被魚雷擊中，他被彈片掃射到，但所幸存活下來。後來他罹患了肺結核，病情使他無法繼續再當木匠，結果他成了獵犬訓練師。訓犬、賭博，再加上酗酒，成了他後來度過餘生的方式。他是個善良、聰明的人。我有時也跟他一起去酒店，其中有些還是沒有牌照、亂七八糟的地方，我還記得曾有人喝醉酒突然舉起槍枝，為自己的人生感到忿忿不平。

我母親也是愛爾蘭人。她出生於阿馬郡（County Armagh）一個農民家庭，自小就非常辛勤勞苦。後來她當了護士，去了英國，曾於閃電戰（Blitz）期間在埃克塞特（Exeter）工作。之後她搬到利物浦，在托克斯泰斯（Toxteth，利物浦市南區）遇到了我父親。根據他們說的，就是這樣。我在家中四個男孩中排行老三，一九五六年生於百麗谷（Bella Vale，利物浦市東南區）。

我們住在隸屬地方當局房產的預建屋。這類房子由零件組成，在現場組裝建造完成，也就是組合屋之類的。經過二次大戰砲轟後，有幾千間房屋都是這樣建造的，讓很多無家可歸的人得以有棲身之地。雖然是很便宜的房子，但已經很令人心滿意足了。鋁製的牆壁上黏著手繪的硬紙板，所以冬天時冷得不得了。我們家有一台冰箱和一個室內廁所，這已經算是很豪華了。

我父親算是工人階級，雖然我其實應該用「不定期工作」來描述他比較恰當。想也知道，我們從來不曾有什麼錢。一九六二年，我家買了一台電視，但我們很多年都沒有車，也從來沒度過假，我也不記得我們有過很多衣服；我想，直到我十六歲以前，大部分的時間我都只是穿著校服。但我們也從來沒有餓過肚子。我們幾乎每天晚上都可以吃到培根、雞蛋和薯片，星期五則是吃魚。我們的飲食以今日的標準來看，算是很簡單基本的了。我不記得有吃過米飯，但我記得第一次吃到麵條（十八歲時）跟第一次吃到優格的時候。

在我的童年中，食品扮演了很重要的角色。我經常跟母親去買菜，也許是因為我有那個基因，很容易被商店吸引，或者也很可能是我母親把我看作是她從未有過的女兒。離我家最近的商店是一排組合屋，每間都比我們的房子小，又暗又窄，堆滿了貨品。每家店的名稱都是店主的名字，像是羅尼肉鋪、哈利糖果店、喬治雜貨店等等。

我就讀的第一所學校，是當地的天主教小學。我剛開始並不是很喜歡那所學校，所以經常蹺課。我看書很慢，因為我們在家不曾看過書，學校對我來說太陌生了。幸運的是，雖然我們班上有五十個學生，但這所學校可說是得到上天的眷顧，有很多啟蒙老師。他們發現我很聰明，紛紛設法幫我爭取利物浦最頂尖學校的獎學金，那就是聖愛德華（St Edward）中學。要念這所學校必須付學費，而我的學費是由地方當局資助的。

聖愛德華中學是我的貴人。我的家人就跟其他住在這些市議會組合屋的家庭一樣，沒有人曾接觸過任何專業人士，也不認識什麼經理人或生意人。那是一種「他們和我們」分得很清楚的文化。我們將永遠是我們，他們將永遠是他們。這就是生活，沒有什麼好抗爭的。十六歲離開學校後，就是去找一份工作，任何工作都行，就是這樣。現在回想起來，還真是滿諷刺的，當時，我們都把鄰近選區的社會主義家，也就是工黨議員威爾遜（Harold Wilson）當成英雄般崇拜，他是那時的首相。威爾遜打破了我們的世界藩籬，他念的是牛津大學，然後一路往上爬升，一飛沖天。很少人可以像他那樣離開這裡，他真的是一個非常罕見的例外。至少當時我們這樣認為。

我的老師很多都是基督教會的弟兄，但他們額外教了我很多事。日復一日，經過有形或無形的薰陶，我終於明白，只要努力工作，每個人都可以做到跟其他成功人士一樣。剛開始，我對老師的教誨頗有反抗之心，結果不只一次嘗到他們的皮鞭。叛逆，使我在班上成績墊底的那幾年，有點像是班上的小丑人物。當我後來讀到高階班[2]時，我發現，我對重要的議題開始都有話想說。但成績差的人，說的話通常都不被重視，所以我開始專心學習，並欣然接受必須念的地理、歷史、經濟和通識科的教科書。我甚至還獲獎，這可能讓我有老師至今還覺得莫名其妙吧。

當時，利物浦正處於文化興盛、但工業蕭條的轉變期。我早期讀書那個年代，都是聽當地流行樂團的歌曲，像是Gerry and the Pacemakers③、Freddie and the dreamers④，當然，還有披頭四（The Beatles）。利物浦的碼頭，原本是貿易往來頻繁、交易興盛的地方，但當時已開始變得景氣蕭條，機會一去不復返。有一年暑假，我想找份工作做，但那裡根本就沒有任何工作機會。所以我就搭公車到幾百英哩外的倫敦南部旺茲沃思市（Wandsworth）找工作。我在那一帶一一敲每家商店的門。結果，我在當地一家購物中心內的特易購找到工作。我負責把茶和咖啡上架。我很喜歡這份工作，除了店裡面播放的「公共場所背景音樂」，因為那些歌曲一而再、再而三地重複播放。暑假結束離開時，我並沒有想到將來會再回去那裡工作。

畢業後，我原本計畫成為一名建築師，因為我喜歡這門行業所需的創造力，但我在普通

② 譯註：A-Level，全名是Advanced Level，英國普通中等教育證書考試的高階班課程，這是英國的學制，學生一般在十六歲或稍大一些開始學習這種課程，修完即可進入大學就讀。相當於台灣高二到高三的課程。
③ 譯註：一九六〇年代英國知名的搖滾流行樂團，知名歌曲如*You'll never walk alone*、*It's going to be cllright*
④ 譯註：知名專輯如*I understand*、*I am telling you now*。

水準教育證書考試[5]的藝術成績不及格，所以沒被錄取。我接著計畫成為一名律師，但有人告訴我，我的O級考試結果可能不夠好到可以念法學院。我的心思於是轉向管理，但究竟為什麼想念管理，我也不是很清楚，因為我完全不知道管理是什麼，除了它聽起來似乎很有意思、很具挑戰性之外。因此，我後來就申請到曼徹斯特大學的科技學院攻讀管理學。雖然很想家，也覺得該學院的課程滿艱深的，但是我在課業上變得較有自信了。特別是從史密斯（Roland Smith）[6]和庫伯（Cary Cooper）[7]兩位教師具啟發性的教學方法中，我學到了簡單和專注的重要性，尤其是對客戶的專注。

有了學位的幫襯後，我開始在一些吸引人的消費性產品公司尋覓工作機會。不過，我都被拒絕了。所以我轉而加入了工會，開始花很多時間在全英國各地跑業務，銷售熟食商品，像是把冷肉、乳酪等，賣給他們的供應商。我曾試圖說服鐵石心腸的約克郡採礦區民眾品嘗克羅汀乳酪[8]、風乾肉和橄欖。那真是很具挑戰的工作，但很有趣。也就是說，我覺得待在公司沒有什麼出路，因為它結構鬆散，而且所有權的關係複雜。一九七九年，我申請特易購的行銷工作，同時也申請加入加拿大艾爾肯鋁箔公司（Alcan Foil），那時我認為這是個很有名的品牌。結果，特易購拒絕了我。但幸運的是，他們認為當時找到的人資質很好，所以馬上就分派別的工作給他做。我真的要感謝那個人的才華，否則我不可能獲得之前被拒絕的這份工作。於是我加入了特易購，一待就是三十三年。

為了讓讀者對我有更完整的認識，我還應該讓你們知道，我後來跟艾莉森（Alison）結婚，她是名醫師，我們育有三個孩子。

試圖從自己的背景來分析它對自己的信念、自己對生命的看法，以及它發揮了什麼影響力，必然會有所偏差。我們不能既是法官，又當陪審團。但如果我在扮演佛洛伊德這個角色的同時，也躺在心理醫生會診室的沙發上，我想，我的成長經歷確實教會了我幾件事情。

首先，**擁有良好的態度、教育，並努力工作、具備足夠的常識，以及對他人的尊重**，這些都很重要。它們是任何家庭、社區，企業或社會的基石。

再者，**不管發生什麼事，都必須擁有想要成功的渴望**。我從很小的時候就學到，如果我想要實現什麼，就只能仰仗我自己。**自助，而不是「求助」**，是我的座右銘。失敗，意味著沒有安全感、生活停滯不前、沒有錢。我很快就意識到，要成功，就要全力以赴、冒險患難。我們的校訓是「信仰帶來勇氣」：那就是信仰自己的上帝，以及信仰自己的信念。我想我兩者兼

⑤譯註：O-Level全稱為General Certification of Education Ordinary Level，是英國全球教育學術權威劍橋大學考試委員會（UCLES）每年在英國和世界大約一百個國家為中學生主辦的畢業會考，是測試學生英文和學術課程的考試。
⑥譯註：英國曼聯董事會前主席，於二〇〇三年辭世。
⑦譯註：英國蘭徹斯特科技大學心理學教授。他曾研究成功企業家的工作經歷與日後成就，出版了《企業菁英》（*Business Elites*）一書。
⑧譯註：crottin cheese法國桑塞爾地區生產的乳酪，由山羊奶製成小圓片狀，這種乳酪被人們戲稱為「驢糞蛋兒」（crottin），在精選的乳酪品項中占據重要地位。

具。

還有，就是**要有助人的強烈意願**。無論別人是什麼背景，我們都要有想幫助他人過更美好生活的意願。我對政治從來都不感興趣，我太害羞了，無法站上政治舞台。另外，在政壇上似乎說的永遠比實際上做的多，沒有足夠的行動力：太多的承諾，太少的成果。我想要做一些可以持之以恆的事情，有目標、有影響力的事情。

最後，由於我來自利物浦，也因此畢生熱愛艾佛頓（Everton）這個最好的足球俱樂部。

讀這本書時，你會看到我從很多人身上得到的經驗，以及引用的一些著作。請原諒我，如果你因此覺得我說的不是什麼太新奇、獨特的理論。我希望大家理解的是，我們一直在追求「新穎、獨特」，什麼都要是「新的」，因此忽略了前人已經積累的經驗和智慧。

我所引用的金玉良言，都是在如今「管理顧問」這個浩瀚產業中的鑽石級大師所寫的。其他還有一些軍事領導人，其中最重要的是斯利姆元帥子爵（Field Marshal Viscount Slim）⑨。二次大戰期間他在緬甸指揮英軍第十四軍的回憶錄，對我影響很大。他把原本士氣低落的一群敗兵，變成一支堅不可摧的強大戰鬥部隊，最終獲得勝利。很明顯的，這跟特易購迄今的發展有些相似之處。不過，特易購從來沒被打敗或士氣低落過，但斯利姆的很多經驗不僅打動了我，也影響了我的思考方式。

這聽起來可能有點陳腔濫調，但兩者確實有相似之處：在瞬息萬變的戰局中，將軍指揮成千上萬的士兵作戰，必須有非常明確的目標和步驟；而做大事業並沒有什麼不同。更重要的是，軍隊通常沒有時間做很細部的管理：在戰爭中，講求的是快速、敏銳、擊中要害。這種簡單及專注，是我喜歡並尊重的要素。最後，我必須承認，我對軍事歷史很感興趣。也許在每個店主的櫃檯下，就有一枝斯利姆元帥的指揮棒。

在你繼續閱讀之前，你還需要知道有關我的另一件事情：我是一個樂觀主義者。我相信，我們最好的日子還在後面，這主要是因為世界各地的人，日復一日都被一種簡單的希望驅動著，那就是希望自己跟家人能夠擁有更好的生活。因為有這個普遍的願望，我從來沒有失去我的信念：我相信，**如果大家都擁有自由，都有信心和機會，就都能夠為人所不能為**。或許這麼說太過理想主義了，但總比悲觀來得好。

因此，對於那些認為「我無法實現我的野心」的人，我要請他們再深思一下。擁有良好的教育和穩定的家庭，固然有助於讓人成功，但是，如果我們沒那麼幸運，也不要被自己的背景囚禁。過去就只是過去，別讓它限制你的未來。我接下來所寫的內容，有很多方法可以幫助大家提升成功的機會。成功，取決於深植在我們內心的特質與希望。如果你終其一生都不敢讓你的半點希望跟夢想帶你飛翔，你將一輩子深陷在黑暗、沮喪的幽谷中，只能抬頭仰望那片原本

---

⑨ 譯註：第二次世界大戰時英國的陸軍指揮官，其軍事指揮藝術絕無僅有，是少數能在戰後獲得軍事評論家一致讚揚的指揮官之一，以及能夠跟隆美爾、曼施泰因等人相提並論的名將。然而，斯利姆的經歷卻相當坎坷，不僅出身貧寒，還經歷過許多敗仗的考驗。

可以屬於你的天空。畢竟，只有自己才能為自己的行動力負責，只有自己才能選擇要走的路。運氣不好跟犯錯，確實會讓人感覺受挫，但我們還是要繼續前進，抬起頭懷抱希望，並翻開新的扉頁。

| 第一章 |

真相

傾聽顧客的意見，讓顧客成為領導者。

所有組織，都很難面對真相。比較容易做的，就是根據自己所定義的現實，來判斷自身成功與否。然而，我的經驗是，真相對於創造成功和維持成功不墜，扮演了同樣重要的角色。

面對真相很痛苦。先別說跟別人承認了，光是自我坦承自己做的不是什麼多了不得的工作，或是投資虧損、公司業績下滑，還是自己在工作上其實可以表現得更傑出等等這些不完美或能力不足的真相，都非常不容易。而且話一旦說出口，各種疑問便接踵而來：為什麼會有這種情況？你做錯了什麼，以至於變成這樣？你會怎麼解決？換工作、裁員，還是重組公司？這些事都會為你帶來改變，大部分也為別人帶來改變。要改變很困難，因為犯錯而必須改變，更是難上加難。

因此，比較容易做的，不是面對真相，而是讓問題就那樣擱著。當然，如果你不滿意的是車子或房子，也許就可以不必那麼在意；但如果是關於一份不能丟掉的工作、一家業績持續下滑的公司，或者業績表現不良的團隊，那可能就會削弱你的信心、啃蝕你的靈魂。活得毫無目標，或者明知自己可以做得更好，但每天下了班都不知道自己的成就感何在，這一切都會令人感到很洩氣、沮喪，甚至崩潰。

更糟糕的狀況是，你發現其實組織中每個人都想著同一件事：最新的策略是行不通的，也就是所謂的「功能指標」沒有什麼意義，而且組織已經迷失了方向。但不可避免的是，每個人都緘口不言。保持沉默的時間愈長，就愈難面對真相及接受後果，然後就愈有可能什麼也不做，直到一切都為時已晚。

世界各地的各種組織，都很難面對真相。相較之下，比較容易做的，就是根據自己所定義的現實，來判斷自身成功與否。然而，所謂的管理，就是要把大家不希望聽到的事實全盤托出。要體悟問題所在，代表你必須做出令人尷尬的決定，還得面對不愉快的會議，而且你還會成為既不受歡迎、又不被擁戴的人。誰希望成為這種人呢？更糟糕的是，真相可能透露出失敗，而這個f開頭的字（指failure，失敗），令每個人都害怕。慢慢的，不知不覺中，「沙坑心態」使得容忍批評的能力愈趨下降，最後，管理不得不屈就於現實。那些董事會的成員開始說服自己，說其實一切都沒有問題；或者是自我安慰，說問題其實已經透過像是新聞記者、輿論團體、政界人士及顧客的分析、評論和層出不窮的批評，獲得了解決的方法。不管發生什麼情況，董事會都傾向說服自己，認為那些問題肯定都不是管理上的過錯，然後就摀上耳朵，讓問題持續滋生。如今，管理階層意識到，他們必須被看到自己做了些什麼、必須對什麼「重大事件」負責，所以就一股腦兒地沉浸在狂熱的活動（通常都毫無意義）和一些措施當中。

矛盾的是，企業一旦成功了，愈容易給自己不再尋求事實真相的理由，並避開艱難的決定。如果所有的指標都指向成功，像是股價、銷量、會員人數等等，為什麼世界仍然充滿黑暗和厄運？既然做得那麼成功，又何必做什麼變革？成功，滋養了自滿，從某種意義上來說，那使你認為，令你成功的世界並不會有所改變，所以你本身也不須做什麼改變。

談到真相，大家通常不會認為跟零售業有什麼關係。這個詞，一般來說，只會令人直接聯想到法律或宗教，拿它來談論零售，可能太抬舉了超市的走道。但根據我的經驗，真相至關重要，無論是為了創造成功，還是要維持成功不墜。無庸置疑的，當我回顧特易購在一九九〇年代初的發展時，我發現，發掘真相，絕對是最基本的要素：它是唯一可以讓我們擺脫墨守成規、局限於英國中型超市的方法。

我先簡單介紹一下特易購的背景。特易購的誕生，要追溯到寇恩（Jack Cohen）用他在第一次世界大戰參戰的退役金，於混戰中在倫敦東區的市場擺攤開始（一九一九年）。他和斯托克韋爾（T. E. Stockwell）一起從批發茶葉起家（他用一磅九元〔老便士〕的價格買進茶葉，然後用半磅六元的價格售出）❶。特易購的英文原名，便是由他們兩人的名字TES跟CO組合而成（一九二四年才正式定名為Tesco），雖然這是寇恩獨創的事業。單單一天，寇恩就可賣掉他手推車中四百五十磅的茶葉。寇恩對零售極具天賦，對於討價還價更是在行。此外，他深信，壓低價格是生意好的不二法門，除此之外別無他法。有一次，他買下一艘半沉的船寄售的茶葉，然後把這些茶葉寄到他所有的店，上面貼了字條，寫著「把上面的標籤撕掉，從架上拿罐擦銅油，把生鏽的地方擦亮，然後用每罐兩元的價格賣出」❷。還有一次，他買了人家寄售的波蘭香菸，據說那些香菸是用生菜葉捲成的，特易購一位員工回憶說：「那讓我懷念起我們以前在學校廁所後面抽的藥草香菸」❸。對「砍價傑克」（Slasher Jack，他成名後的封號）來說，品質始終位居次要地位，排在價格的後面。「堆高高，低低賣」（Pile it high，sell it cheap，以下簡稱「堆高賣低」）是他的座右銘，就像這句「把錢看緊，賺了就跑」（Always keep your hand over the money and be ready to run），也是他最喜歡的格言。❹

寇恩極具說服力的性格，加上業務才能的天賦，以及全神貫注的精神，使得特易購持續成長。到一九五〇年代中期，特易購已有一百五十家門市。它的第一家超市於一九五六年開業；

一九六一年，寇恩甚至邀請到英國喜劇演員詹姆斯（Sid James）為後來成為英國最大超市的特易購剪綵，那家店位於萊斯特市（Leicester）[5]。當寇恩（後來大家都稱他為傑克爵士）於一九七〇年退休，並交棒給他女婿時，特易購已有超過八百家的超市。

但特易購的規模變得更大，並不表示它就變得更好。在提到寇恩就等於提到特易購的年代，隱藏了一些問題。他那種很有個性、有些牛仔特質的風格，塑造了組織的特性，再加上藐視規畫的法規及董事會的會議，以致出現語言暴力，甚至還有更糟的行為等，都不可避免地影響了聲譽。不過，一家企業如果是根據創始人的個性來經營，未必總是持盈保泰的祕訣。由於英國生活水平提升，中產階級人口增多，也比以往來得富有些，大家也就對傑克的特易購感到有點了無新意。不久，特易購身旁開始出現了競爭者，像桑斯博里超市，就是在英格蘭南部新開張的超市，而阿斯達超市（Asda）則是在英格蘭北部開張的一家大型超市，專門以低廉的價格銷售食品。

事實上，特易購最終得以存活，要歸功於麥克勞林（Ian MacLaurin）①，他的資深團隊馬爾帕斯（David Malpas，總經理），以及後起的新秀基德史利夫（John Gildersleeve）。

就在寇恩退休後幾年，特易購改採不同的促銷方式，他們不再把焦點放在低價的策略上，

①譯註：一九五九年加入特易購，曾擔任執行長及主席，一九九七年退休。他聲稱自己最重要的作為是：委任本書的作者李希為繼任的執行長。

而是將心力及信心投注在「綠色盾牌郵票」（Green Shield stamps，簡稱綠盾郵票）的市場行銷策略上（顧客拿著店家給予的綠盾郵票，可換回等值的商品）②。那時謠傳，有家菸草公司曾經想買下特易購，但後來決定放棄，因為怕對自己的品牌有不好的影響。於是麥克勞林做了大膽的決定，毅然決然地停止「綠盾郵票」的做法，再回頭積極採取降價方案。與此同時，他的團隊開始藉由創建自有品牌與提倡健康飲食計畫，來擺脫「堆高賣低」的形象，並把重點放在供應新鮮的食物。最重要的是，他們開始在郊區開設超大型超市，來滿足愈來愈多開車族消費者的需求，極力做到服務到位。在接下來到一九九〇年的三年內，整體營業額攀升超過五〇%，利潤是原本的兩倍多，營運利潤率（也稱營業毛利）則超過六%。特易購的成長空間，包含所有商店的總規模，每年幾乎達到一〇%❻的增長。當時，有家英國的報紙，在報導特易購一九九〇年的業績時寫著：

> 十年前，特易購相當於現代雜耍劇院的一個笑話，但現在是它可以一路歡笑收割的時候了。特易購的轉型，真是非常了不起的成功故事。❼

然而，當一切進行如此順利的時候，英國卻陷入經濟衰退期。消費者多年來體驗的都是「買高檔貨」，現在卻得開始設法討價還價，這也使得來自德國的兩家折扣超市阿爾迪

（Aldi）與利德（Lidl）有機會進入英國，分食零售業這塊大餅（它們給消費者的折扣有一個基本底線）。特易購則試圖藉由削減成本來維持利潤，例如，盡量減少開放收銀機的台數。這做法導致服務品質降低，並影響顧客的忠誠度。而（銀行）利率的上升，使得狀況變得更糟。特易購的顧客深受影響。相較之下，桑斯博里超市的顧客受到的衝擊相當少，他們的顧客平均年齡比特易購來得高，手頭也比較寬裕。這些人多半都不須繳房貸了，而且也有積蓄可以安度晚年。突然間，桑斯博里超市變成零售業的無敵手、銳氣不可擋的主宰者。特易購原本對自己的策略信心滿滿，如今只剩下滿腹疑惑。昔日「位居翹首」這樣的形容詞，現在成了「迷失方向」。特易購於是嘗試各種新措施，但它們就像用豌豆射擊坦克一般，徒勞無功。根據當時觀察家的評論，該企業似乎已經「走進了死胡同」❽。

就這樣，到了一九九二年，士氣的萎靡不振，使得特易購開始有了危機感。十月的某一天，我突然被麥克勞林找去樓上開會。我走進去，發現馬爾帕斯也在那裡。我馬上想到，我該不會是要被解雇了吧，因為我們流失了很多客戶，而我應該要負多一點責任，畢竟我是負責新鮮食品部門的主管，負責採購和銷售特易購大部分的商品。始料未及的是，他們竟然就在會議

② 譯註：這是一種商品設計的遊戲化機制，也就是運用遊戲思維及機制來促進銷售，並鼓勵顧客持續消費，讓顧客認為獲得更多的商品價值，其實這也就是換取顧客忠誠度的商業策略之一。這在美國也風靡了好一陣子，現今許多超市仍採取類似的遊戲機制。

上問我想不想成為行銷總監。這也就是說，我被升官了！

我的臉頓時失去了血色。在那會議室內唯一缺少的，恐怕就是有毒的聖杯了。但是，我接受了這個任務。我剛剛接受了一個我無法拒絕的機會，我別無選擇。

雖然這聽起來好像很偉大，行銷總監的職位是為我而設的，但這也表示之前從未有人嘗試這麼做，這項決定也未經考驗過。在我就任的第一天，我沒有團隊，沒有排定的會議，只有一間空蕩蕩的辦公室。對一個不是天生就很有自信，而且喜歡凡事有重點、有議程和有計畫這種做事結構的我來說，這一切實在令我深感不安。但當時因為沒有其他新工作等著我，所以反而給了我現在回想起來最為寶貴的東西，那就是有時間去思考。

我的任務很簡單：找出特易購落得如此下場的原因，以及該如何挽救。過去，如果沒有幾年，也有好幾個月的時間，我的直覺告訴我，公司在經營管理上似乎有什麼地方不太對。儘管特易購是一個零售商，但我們幾乎很少考量到顧客的需求。雖然我們也對顧客做了問卷調查、研究主要客群的意見，以及開會討論業績提升或是下降這類事情，但事實是，一天天過去了，顧客並沒有讓我們的業績蒸蒸日上。

「顧客滿意度」一直被視為各單獨部門的事情，也就是說，應該由每個相關部門來改善，而不是整家公司的所有心力都應該投入在這方面。對企業來說，更重要的是營運上的流程和物流。特易購並不是唯一抱持這樣的想法跟做法的零售業者。零售這一行早已局限在自己固有的營運方式：客戶代表的意義，有時也只不過是買了我們商品的不知名人士而已。

這個教訓，就跟我在大學念市場行銷學時學到的最基本課程相呼應，那就是：成功的企業，不會只專注在顧客要什麼，而是把顧客放在他們所思所想的事業企畫中心。這表示，**由顧客來驅動整個業務**。而無論是我們特易購，或是其他零售業者，在管理上都沒有以消費者的立場來思考，也沒有就自己的行業來仔細探討一些基本的問題。

更糟糕的是，我們特易購用競爭對手的優勢來與之抗衡，以他們的表現來評價自己，在後頭死命活追，仿效他們的構想。我們遵循的，是宗教所謂的「標竿策略」（benchmarking strategy），看其他零售商有什麼做得好的（引用麥克勞林的話，他從不諱言犯了錯），「我們只是毫無羞恥地複製他們的做法」[9]。我們玩的是「跟隨領導者」的遊戲，而這絕不是能夠出人頭地的做法。

於是，我開始有一種預感：我們如果能夠傾聽顧客的意見，他們將成為我們成功的指南針。但要為這個理論正名，代表必須**面對真相**，也就是企業在顧客的生活中能發揮什麼最基本的功能，我指的不單是特易購這家企業，而是所有的企業。一般常規的顧客調查表無法做到這一點。為了抓住顧客的心，我必須好好分析、探討及實踐我們的顧客研究方式，而那需要一些時間。

公司上層要求我做的，就是必須「立即採取必要措施」。這是再自然不過了：失敗引發恐慌，然後開始展開行動，成立「戰略小組」。然而，大家一直誤以為只要行動，就是進展，認為此刻沒有時間允許他們停下來思考那些必須解決的基本問題，例如「整個組織的目的何在？」其實，**沒有什麼比從失敗中挖掘背後的真相來得更重要**。

我已經記不清有多少人突然出現在我的辦公室，問我：「泰瑞，你打算怎麼做？董事會渴望知道答案。」在最初那幾個月裡，我一點頭緒也沒有，但我仍盡量發揮，推出多項措施。然而問題是，它們是短期的戰術，而非長期的策略，結果自然沒有產生任何明顯的影響，只是拿更多的雞蛋扔向石頭罷了。同時，也就是一九九三年，倫敦證券交易所（The City）的股市上揚二十個百分點，但食品和藥品零售商的股價卻呈現二〇％的跌幅，特易購也是損失慘重的其中一家。

當我們的股價跌到不能再低了，我跑遍整個英國，坐在無數接受民調的主要消費群之間，聆聽他們對特易購的看法。我很害怕會聽到他們說，特易購的商業模式是曇花一現那一型的。按照邏輯來說，如果消費者要的是品質，他們肯定會去桑斯博里超市；如果他們想要的是廉價商品，鐵定就會去折扣商店購物，那他們為什麼要來特易購呢？更糟的是，德國的折扣超市襲捲英國市場，我們很可能輕易地就成了他們的囊中物。

所以，我決定，特易購必須徹底來個史無前例、最仔細的消費者研究。這是一個令人不安的策略，因為我知道，這麼做就好比是把一塊巨石整個翻轉過來，而幾乎可以肯定的是，我們將會發現這塊巨石的底層，積聚了一些既麻煩、又令人沮喪的意外問題。我一度懷疑，我會有勇氣、或被授權那樣做嗎？尤其特易購已經慢慢被定型了。事實上，我能做的，就是證明麥克勞林的領導力。他不僅是準備好要面對殘酷的真相而已，也就是說，他其實就是想這樣做；而且他也知道，當一個人面臨失敗或生死存亡關頭的威脅時，正是他逆勢求勝的絕佳機會，只要他能獲得充分的授權，並獲得信任。

原來，石頭底下的確隱藏著一些可怕的事情。看到客調報告中，顧客對特易購直言不諱、未加修飾的真實意見，真令人感到痛心。總之，他們以為我們拋棄了他們，以為我們已經不再關心他們的需求，還一直嚮往成為桑斯博里超市和馬莎百貨那樣的商店。也就是說，特易購已經不再是特易購了：我們已經失去了一些特質，我們的靈魂、價值觀，以及顧客對我們的忠誠度。在經濟衰退的時候，我們應該是這些顧客的後盾，應該提供他們買得起的商品，也就是價格優惠，品質又還不錯的產品。但是我們沒有。如果他們負擔得起，他們會選擇去桑斯博里超市或馬莎百貨；如果負擔不起，他們就會去有特別折扣的超市。特易購的價格不夠低，而且我們應該花在顧客服務的心力，全部投注在產品的生產力上。這一點，我們確實無法反駁。在威爾特郡（Wiltshire）的特羅布里奇（Trowbridge）分店，有一位顧客對我說：「我喜歡特易購，但我真的沒辦法再來這裡消費了。」

我們就注定這樣了嗎？不是的，顧客們想要再回來光顧我們的店。對他們來說，我們才是當地的商店，但必須給他們一個回來的理由。我們必須熟悉他們的消費習慣，並向他們證明，我們跟他們是站在同一邊的。

這些顧客的反應觸動了我內心深處。他們的希望和夢想並非遙不可及，他們都希望自己的那份薪水足以買到更多的商品，這樣他們才能幫孩子買新鞋、才能存點錢去度假，或者偶爾去看場電影善待自己一下。以我這樣一個在利物浦長大、父母薪資微薄、但又設法提供我們較好的生活的人來說，顧客所反應的意見，讓我感到跟他們之間有一種自然的親和力，拉近了彼此的距離。

更重要的是，顧客不是我們事業中心的這個事實，對我來說，已經造成多年來客戶對我們感到可有可無的後遺症，畢竟「奢侈品」（今天被我們視為理所當然的商品）是有錢人才花費得起的東西，其他人只能用鼻子緊貼著商店櫥窗，敬畏地看著他們消費不起的物品。我相信，顧客們對擁有美好生活這樣一個簡單的願望，給了特易購一個機會，也是一種使命：**讓每個人可以同時擁有品質與選擇，不論他們的收入多或少**。他們一心盼望的，無非就是可以期待一點點超乎他們所能負擔的享受。特易購可以藉由使產品更便宜、更有特色，來達成這個使命，真正發揮改變的作用。我們不光是要提供那些擁有中、高收入的消費者所需的商品，也要排除任何艱難的險阻，為那些每到月底就要為錢煩惱的較低收入戶設想。特易購必須成為真正沒有階級意識的零售商。

接著，我已經準備好提出我的觀察。還記得那是在一九九三年春季的某一天，我走進會議室，我能感覺到當時很緊張的氣氛：所有董事當然都很擔心，怕我可能會告訴他們，公司面對的是一個根本無法解決的難題，或是我根本沒有找到特易購陷入困境的原因。我做了簡報，然後，煞費苦心地讓他們了解整個顧客調查的結果，以及我提出的改善建議。我試圖一再強調的一點是，我們必須做好一切可能的準備，讓特易購徹底改變，成為一般普通老百姓的必然選擇。我們面對的並非是很棘手的問題，然而，我們也一直沒有什麼法寶。相反的，我們必須著眼在很多細節的地方，為顧客做更多貼心的服務。我把這些細微的事情稱做「不可或缺的事」，它們是一切的一切，就像一面牆需要一塊塊的磚塊來堆砌一樣。要做好這些事，必須有大量的創新，而這些創新在不久的將來，將會帶來巨大變化，當中包含了更理想的定價，服務也會大幅改善。

當我報告完了，真有如釋重負的感覺。馬爾帕斯（特易購當時的總經理）反映了多數人的意見，他說：「這個問題真的很糟糕，但好在你查出了原因，並發現我們可以做一些事情來改善，那真的太好了。」

這次會議顯示出真相的力量，以及顧客本來就應具備的權利。如果任何人對我提出的調查結果有異議，那就是與成千上萬的顧客有異議。客戶對我們做生意的看法，以及我們的業績為何會下滑，除此原因之外，沒有第二個猜想了。答案都在這裡，在這些可怕的細節裡，而我們為什麼做錯，真可說是昭然若揭。沒錯，我指的正是「我們」。試圖推諉責任、或是推托如果可以改善物流，一切就沒有問題，這些都於事無補。事情的真相就是，顧客已經失去對我們的信任，無論貨架上擺再多的新產品，或採取各種聰明的一次性行銷策略，還是更好的物流，都無法拯救我們。我們必須重新回到原點。

根據真相，展開行動

回到原點的意思是，我們必須體認到，顧客是任何事業最可靠的指南。他們會帶領我們走出泥沼般的困境。我們一旦接受他們發出的是真相的聲音，就必須堅持下去，聆聽他們的意見。他們的看法、需求與期待，都是我們在做業務時必須衡量的每個重點，也是我們該如何改善業務經營的圭臬。我們不能再像以前那樣慣性地忽略他們了。

把顧客擺在我們所有營業考量的重心，聽起來好像很不尋常，但嚴格說來，究竟有多少企業確實將消費者、客戶或產品使用者對服務或商品所反映的意見聽進去，然後進行改善？無論是學校、製造業、慈善機構、專業服務或各類供應商等等，每個機構都有他們的客戶，而他們也都聲稱「明瞭」客戶的需求，但實際上很少有人會真正去做，而根據顧客反映的意見做改善者，更是少之又少。管理者通常只會漫不經心地揮個手說：「我們當然有做客調。」但當你要求他們確實去執行時，你往往會發現，他們做的客調，要不是用來支持那些早已成形的想法，要不就是看過之後，就扔進抽屜裡不管它了。結果是，這些組織就像居住在暮光之城，而真相只是一道幽晦不明的微光而已。從零售到城市規畫的各個領域中，**不是真正深入民心所做的客調，往往都是企業成長的阻礙**。

我所謂的「了解你的顧客」，是你必須得到他們對於產品或服務相關的一些意見，發掘他們對提供的商品有什麼失望的地方，並了解他們決定是否要來購物的原因，也就是他們的情緒、希望以及恐懼。透過特易購的客調，我們學習到一系列重要的議題，例如，客戶是否正處於害怕失業的階段，什麼是他們即使超支也想買到的奢侈品，他們是全家一起吃飯還是單獨用餐，甚至還包括當他們使用手推車不太順利時的惱怒程度等等。一旦開始探索顧客的狀況與需求，那種渴望了解更多的動能將是無止盡的。「顧客」，可能是位家長，可能是名病患，可能是買一項服務的商人，也可能是在追求最新時尚的單身女子，這些人的需求、品味和情感，是永遠不會停止變化的，通常也完全無法預測。一旦不想方設法了解顧客的喜好與需求，就無法知道什麼樣的服務與產品才能讓顧客更加動心。

管理者可能知道客觀調查的重要性，但就是不願意全力以赴去鑽研隱藏其中的真相，或是忽略其必要性，以至於無法具備足夠的洞察力，為做出決定提供足以仰賴的依據。這不僅僅是不當的管理，也於理不容，因為在現今的世界裡，早已有數不清的各種研究方法，可以讓我們了解人類頭腦和心靈的運作，知道是什麼樣的想法或情感驅使著人某種特定的行為。那是有所謂的定量或質量的評估研究（這是民意調查的術語，聚集一些具代表性的人物做為受訪對象的樣本，進行有建設性的討論）。除此之外，還有關於形象、態度及行為的研究。現在可以藉由手機來做客調，或實際面對面做問卷調查，當然，用電腦在網路上發送問卷，也早已沒有什麼問題了。透過網路，花費的時間當然少很多，你不再會覺得，問卷結果的揭曉，將是久遠以後的事，而且你可以很快找到願意做問卷調查的客戶，他們的回覆也都很即時。

我不希望讓人留下一種印象，好像在我成為行銷總監前，特易購從未進行任何市場調查。

事實上，自一九八〇年代初起，特易購就一直不斷在精進當中。問題是，我們在初期的客調，並不是非常詳盡完善，更重要的是，它還不足以成為決策過程中的重點。雖然客調給了我們亟需的觀點，但顯然特易購從一九九〇年代初起就每下愈況，客調的結果不但不充分，也不夠快速。最關鍵的是，它沒有深植於公司的基因中，以至於客戶的觀點並不足以成為我們各項策略的出發點。

話雖如此，特易購在初期確實有一些進展，例如在一九八〇年代，我把福特汽車公司的「權衡研究模式」（trade-off research model）引進特易購。這聽起來像是一堆術語的研究工具，但它實際上是創造和維持競爭優勢一個非常聰明的做法。福特推出這個做法，就是希望他們正在開發的Fiesta車款，可以跟德國福斯汽車公司推出的Golf車款相抗衡③。這是一項艱難的挑戰。我們買車時，自然會比較各種車款的各項特色及所有配備，像是引擎的功率及安全測試、座椅的柔軟度、後車廂的大小，還有放不放得下嬰兒車、每週去買菜購物的東西是否裝得下，以及加多少油可以跑多少公里等等，必須比較與選擇的項目，可說是多不勝數。因此，福特必須研究出一個可靠的方法，把車子的每種特性對顧客的重要程度做比較跟排序，使他們推出的新車款Fiesta能夠在車市中領先群倫。

他們發明了一個研究的方式，讓顧客在每兩個配對特性的多重排列組合中，透過一再地篩選，得出最重要的需求順序。例如：下面哪一個配對的項目比較重要？是引擎與耗油量，還是安全性與車內空間的大小？這個研究方式，提供了福特絕佳的洞察力，讓他們可以把心力放在設計出符合大部分現有及潛在車主的需求上。

我也發現，運用同樣的方法，可以幫助我們找出顧客選擇超市的關鍵因素。想想看，你如何決定去哪家超市買菜？你一定會衡量和比較各家超市各種不同的特點，例如，商品的優劣及價格，哪個對你比較重要？採買的便利性與商品的品質，哪個你比較在意？品質與價格呢？哪個是你優先考量的因素？我們設計出自己的一套系統，使我們能夠掌握顧客在優先選擇特定超市時的考量因素。好比購買一輛車，要衡量的購買點多不勝數，這也好比我們在「新鮮水果，或是一系列啤酒與葡萄酒」之間做優先選擇，或是在購買「現做麵包與家裡所需的嬰兒用品」之間做決定一樣。我們的研究，讓我們找出為什麼有些客戶選擇桑斯博里超市，而不選擇特易購的因素。結果發現，他們要的是比較好的品質與每日新鮮的水果。這也讓我們敏銳地觀察到，我們必須在一九八〇年代開發這類型的超市，才能削弱桑斯博里超市始終獨占鰲頭的優勢。雖然我們在一九八〇年代竭盡全力在他們後頭苦苦追趕，但始終還是無法贏過遙遙領先的他們。然而，在後來的十年內，即使我們遇上經濟大蕭條所帶來的巨大衝擊，我們已經成為他們不容小覷的競爭對手。

毫無疑問的，這種客調的研究技術非常有效益，幫助我們改善了做決策的過程。然而，即

③譯註：Golf車款是歐洲最暢銷的小型家庭轎車，全球累計銷量排名第二，自一九七四年推出並銷往世界各地，迄今已歷經六代車款。

使是最好的研究方法（那在當時算是最好的），也有發展的局限。我們觀察和學習到的，仍會受限於採取的方法和琢磨的重點所在。有時，即使調查研究的方式已經很精確了，但仍然可能無法讓我們看到實際狀況的每個層面。就像在黑暗房間中一把閃閃發光的火炬，我們可以看到的，也只是那道很窄的光束照得到的地方，無法看到房內所有的一切。

意識到這個潛在的缺點後，我發現，我們還需要別的東西，來幫助我們更加了解顧客的心思，以及引導他們購買行為的那些更深層次的情感和理性的力量。除了藉由客調及問卷調查等方式傾聽顧客的意見外，我在想，我們何不把客戶聚集在一起，讓他們暢所欲言，然後看看可以從中發現什麼。當我在一九九二年成為行銷總監時，我有機會把這個想法透過創立「顧客小組會議」付諸行動。我們在全英國各家分店都設置了顧客小組會議的機制及時段，一個時段是提供給白天的消費者，另一個則是提供給晚上的消費者（白天組與晚上組各有三十人左右），工作人員也加入其中。這項活動由各分店的店經理負責運作，但由總部的一個專門團隊負責主持。我們還邀請總部的其他部門出席各分店的會議，並提出意見。

從許多方面來看，這些顧客小組會議可能無法被定義成所謂嚴謹的研究方式。我也曾懷疑，我們所擁有的顧客組員，是否就真的是具有代表性的顧客意見樣本。然而，他們給了我們非常寶貴及具體的洞見，讓我們了解顧客真正的「感覺」是什麼。他們談的就是他們的日常生活：工作、家庭、錢的問題等等。也會談到收看哪些電視節目、去哪裡度假、在報紙上讀到什麼最新的八卦消息，當然，還有購物。他們也談到特易購，以及住家附近的分店。並且告訴我們他們喜歡什麼，不喜歡什麼，還有可能需要什麼，以及我們如何幫助他們。還提到我們可以怎樣跟其他超市做比較，我們的優點在哪裡，哪裡必須改善等等。

個別消費者的評述，其實提供了更多容易被忽略的意見，因此也比枯燥的客調結果更引人注目。舉例來說，有一位在赫默亨普斯特（Hemel Hempstead，倫敦郊外市鎮）的年輕人，他從特易購全部四萬件商品中，只挑出單一商品的價格，來評論他對我們所有商品標價的觀點，不管任何人怎麼跟他解釋平均值都沒有用。還有像是有些領養老金的人，他們表示很痛恨要花錢買購物袋。另外還有一些當媽媽的婦女，在結帳時看到收銀台旁擺放的糖果就覺得沮喪，因為小孩會吵著要買，那讓她無法專心把買的東西裝好、付好錢。顧客小組會議中，也經常會有一兩個刺耳的聲音（通常由男性提出），主導整場會議的內容。其他人剛開始都靜靜地聽著，逐漸就會提出更極端的反擊意見。單從少數這類刺耳的意見中，似乎很難歸類出有建設性的觀點，然而，當全英國各分店不同的顧客小組會議中，都出現相同的觀點時，就非常有影響力。

這就是一種「群體的智慧」。那些對尋求顧客（或病人、選民等）意見抱持懷疑態度的人認為，人都有這些矛盾的要求，沒有企業可以全盤顧及顧客的需求。他們還認為，從某種程度上來說，決策應該由真正懂得的人決定，也就是所謂的專家。這些懷疑論者對客調的看法，透露出他們基本上缺乏對人的信任，而且錯誤地堅信計畫經濟才能提供民眾想要的商品，而不是市場的調查或反映。**相信人，是我的信念**；當你跟為數不少的人談話、傾聽他們的看法，你會從中發現他們的思考及行為模式，極端的意見會自動被過濾掉，然後你會得出簡單又強而有力的見解。那正是管理有時會錯失的珍貴觀點。

我們在全英國各地舉辦顧客小組會議，後來，我們將這類會議介紹到世界各地。在一九九〇年代，我參加了數十場這類會議，都是以匿名方式坐在後面。我們通常預期領導者是整個活動的中心，也就是站在前方說話。但我唯一提供的領導方式，就是**把自己擺在後台，傾聽顧客的意見，讓顧客反客為主，成為領導者**。

如果是在早期，我肯定很難傾聽顧客談論著特易購的缺點，以及面對這種痛苦的真相。更令人難以接受的是，這些批評竟來自我們鞠躬盡瘁一直極力取悅的顧客。但當我不久之後一直聽到最壞的狀況時，反而有一種解脫的感覺，因為我發現他們批評的事都是可以改善的。事實上確實是這樣，他們所告訴我的，明白表示了他們所思所想的就是希望事情可以改善。接著，興奮感取代了解脫感，因為我們就要開始著手進行一切該做的事情了。

根據消費者提供的種種意見，使我們在一九九〇年代踏上了事業的大規模變化期。在我們做的所有事情當中，**最重要的變化在於我們如何思考**。簡單來說，我們扭轉了公司的走向：由本來即將結束在顧客手中的企業，轉變成以顧客為立基發展。這個基本原則體現了我們的願望，那就是避免再次讓我們的顧客失望。我們盡一切所能，努力確保我們知道顧客的真正需求，而且在別的競爭對手為他們效力之前，我們就已經捷足先登做到這一點。

當顧客發言時，我們聆聽；當顧客要求時，我們就去做；當他們糾正時，我們就改善。我們不會質疑他們是否錯了，我們不做其他猜想。我們相信，我們的顧客清楚知道他們在生活中最需要的是什麼，而我們的職責，就是提供他們想要的東西。

消費者的要求，總是讓企業感到被挑戰，但是他們並非不講理。他們感覺自己就像店家，對於怎樣才是公平，帶有強烈的責任感。他們知道，沒有一家企業有取之不竭的現金讓他們可以一再地花費在店面上，或永無止盡地降價（每當我聽到一些政治人物總是要求更多的經費花在每件事情上面，我都認為，如果讓一般的消費者來做，他們提出的需求可能還比較合理）。他們對於解決管理所面對的問題，反而有較為顯著的理解。

藉由如此貼近地聆聽顧客的心聲，我們才明白必須做什麼改變，來改善經營的方式。在短短三年中，這些變革策略，不但解決了我們的問題，也讓我們超越了其他競爭對手，翻身一躍成為市場的領導者，並一直保持到今天。

一九九三年起，我們開始推出品質相同、但價格較便宜的產品類別。這個策略很明確，產品的特色就是很明顯的簡單，沒有多餘的包裝，所以價格就可以較便宜。這是我們在聆聽顧客意見後，所推出的典型樣式。這項策略為公司開拓了新的經濟範疇，並對經濟拮据的顧客傳達我們明確的決心：「在艱難的時刻，我們仍在你們的身邊，你們不必到折扣超市購物。」一年後，我們推出了另一個改革策略，那就是當顧客結帳時，該結帳行列「前面只能有一人」的服務，這是英國超市第一次出現不須大排長龍結帳的服務。這個原則很簡單，快要到結帳櫃檯的顧客，前面應該只有一位正在結帳的顧客。如果有一位以上的顧客排在前面，結帳經理應該立即打開另一個結帳櫃檯。然後，在一九九五年，我們推出了顧客忠誠會員卡制度，帶來最為深遠的影響（我將在後面詳述）。

所有這些措施，都牽涉到重大的投資和風險。首先，推出包裝簡單、較便宜的產品類別，可能會讓我們跟競爭對手開始持續降價，形成價格的破壞性戰爭。再者，免除排長龍等候結帳的措施，表示我們得多聘用幾千名新員工，並減少一〇%的利潤。沒有人可以保證，店內有較多顧客光顧，我們就一定能賺回所有的開銷，即使整個進行的項目都在克拉克（**Philip Clarke**，他提拔我當上執行長）縝密地注視下徹底測試過。而會員卡是風險最大的，我們很可能因此損失二五%的利潤。更重要的是，如果我們的競爭對手如法炮製，我們就可能結束在零和遊戲中，不但商品銷量沒有增加，一整季的銷售利潤也全都貢獻給了消費者。

再者，如果這些攸關我們生死成敗的主要策略中，有任何一項受到內部的反彈，尤其是股東，也不足為奇。然而，他們提出的反對論點，多半不外乎來自他們所謂的直覺，或純粹就是排斥任何改變，或厭惡面對真相。真相站在我們這邊，就像是律師說的無可辯駁的證據，證明這就是顧客想要的。並不是說為了滿足顧客的需求，我們就應該開空頭支票，或是能承擔開空頭支票的後果（顧客是敏感的，他們知道公司不可以這樣做，公司必須有利潤可以賺）。相反的，我們必須恭敬地聆聽顧客的需求，並抗拒想要完全無視顧客要求的誘惑，當做不可能滿足他們的需求。然後，我們就不得不問自己，如何才能提供顧客想要的東西，同時還可以獲得利潤。

研究顯示，保持原狀顯然不是好的選擇。「沒有變化」，就表示「沒有特易購」。當改變的契機來臨時，我們也成為外力推波助瀾下率先採取行動的人。毫無疑問的，顧客知道我們為他們做這些事。畢竟，我們並不是迫於法律規定或競爭因素才做這些事。競爭對手中，沒有人像我們做這樣的改變。因此，顧客給予我們寶貴的信任，我們才得以一點一滴慢慢地開始重新獲得他們的忠誠度。

更好的是，當競爭對手決定步上我們的後塵進行改革時，我們的顧客很清楚，那些超市並不是因為在乎客戶才那麼做，而是已經被迫要趕上特易購，所以他們無法獲得顧客的忠誠度。採取「我也是」的競爭策略，很少可以獲得良效，也許是因為企業的心思並不真正在此。他們的員工都知道，自家企業改變的唯一原因，是因競爭對手讓他們措手不及，所以必須趕快仿效才行。結果，顧客也不可能會有想去購物的熱情。

我們響應顧客意見所做的第一個改變，是關於店面的設計及布置。當時我剛當上行銷總監，我們的店面裝潢在這個行業中是花費最昂貴的。我們已經花費大筆資金營建最新穎時尚的設計，全球很多其他商店都非常激賞，並仿效這樣的設計。但唯一的問題是，我們在設計之前沒有詢問顧客這個基本的問題：「您會喜歡在這樣的超市購物嗎？」沒錯，這真是一個非常基本的問題，但不知何故，我們忽略了這一點。

當我們後來詢問顧客對店面的看法時，得到的回答真令我們感到震驚。沒想到，顧客的看法跟建築業界一再給予我們的喝采及讚賞完全不同，他們一點也不喜歡我們店面的設計。他們覺得設計的色調偏冷調性，顯得不友善，而且還帶點工業化的感覺，比較像是超市的倉庫，而不是設計精美的零售超市。我們選擇較少的環境照明和聚光燈，來凸顯多種色彩的展示品，這對設計師來說是很別緻的設想，但沒想到顧客卻告訴我們說，這樣燈光太暗了。我們用的冰箱是很考究的光滑亮面、不銹鋼材質、且沒有門的設計，甚至冷凍食品也是用這類的冰箱，這可是非常摩登先進的產品，但顧客們說這樣使店裡面感覺好冷。我們的地板設計特別呈現出彎曲的風格，為的是讓每個購買區塊有個別的特色，但顧客認為，那反而令他們困惑。

我們的建築師和設計師肯定都很有才華，但是，我特別強調「但是」，他們是以自身的理解與想像在做設計。也許他們認為：「我們知道怎麼設計店面，不必須先徵詢顧客。」按理說，是我們的管理單位，也就是經理人，允許他們為我們設計店面的；然而，這件事從一開始，我們就應該很清楚地設想到，我們應該是為顧客來設計店面。

我們不得不徹頭徹尾地改變思維。起初，建築師和設計師無法接受我們改變他們創作的獨立性。然而，當他們陸續從各分店的顧客那裡聽到一些不同的意見後，他們便成功地提出了既符合顧客要求、又很獨特的新設計圖。

然而，在我們即將著手改換新的店面之前，我們必須先解決那些已經設計好、並已造成的問題。於是，我們先透過「顧客小組會議」，與顧客及我們的員工共同討論，請他們提供想法及創意，看怎樣能在不動用大筆資金的狀況下，就現有的設計做出讓顧客感覺更加完善的店面。最後，根據他們反映的意見，我們只須稍做調整。我們藉由提供更好的環境照明和溫暖的油漆色調，增加了店面的亮度。我們還降低了貨架的高度，讓顧客不須很費力地去拿最上層的商品，這也連帶使得走道看起來更加寬敞和明亮。我們也簡化了商品的擺設，呈現更簡潔的布局。同時，我們還改善了標示、敞開入口的大門，並清除了雜亂的貨品，整個空間頓時顯得更廣闊，動線也更加明確及流暢。

變化、變化，還有一連串更多的變化。然而，這些變化並沒有讓我們花很多錢。每家分店的預算都有一個限度，這些改變從來都沒有讓每家分店感到有壓力。要執行這些改變計畫，必須找到很有專業常識、且相當優秀的管理業者才行；而我們的其中一位賣場專家佛萊特（Gordon Fryett）④，就是我們完美的人選。結果也證明，顧客喜歡我們新的設計。透過實施他們團隊的整套想法，特易購賦予他們絕對的信任。這是繼過去我們企圖仿效桑斯博里超市和馬莎百貨的模式幾年後，再一次全權的委任他們。顧客看得出我們花了一些錢，為的是使他們購物時更輕鬆便利，而不是明顯的以賺錢為目的。對此，他們留下深刻的印象。我們的努力，證明了我們改變的動機，主要是提供顧客更好的服務，而不光為了賺錢，就這一點，讓顧客跟特易購的關係開始有了不同的轉變。我們藉由這一系列非常成功的廣告「多蒂」（*Dotty*）⑤，成功地凸顯出我們所做的改變。這支廣告的女主角是斯凱爾斯（Prunella Scales，英國廣受

④ 譯註：曾負責特易購的產權策略，二〇一一年年底獲任為歐洲區總裁。

⑤ 譯註：女性外文名桃樂絲（Dorothy）的簡稱，是特易購廣告中一位難搞的女顧客的名字。這支廣告強調特易購獨特的服務品質，所以片頭開始都會打出「細微之處見服務」（Every Little Helps）字樣。可參考YouTube上的影片：http://www.youtube.com/watch?v=29BMIMZ3qKQ。

歡迎的電視喜劇《弗爾蒂旅館》（*Fawlty Hotel*）中的演員）。「多蒂」是一位很難取悅的顧客，每則廣告，都是特易購特別提出解決顧客問題的一個創新辦法，這一系列的廣告，使得特易購成為消費者更好的選擇。

今天，「新面貌」（New Look，這項變革的名稱）似乎只是一小步，在特易購的歷史上幾乎不足以做為一個註腳。然而，反映顧客需求所做的店面設計改變，卻為公司的未來產生深遠影響。不知不覺的，我們從這個看似微小的創新開始改革，使我們把經營得不錯的零售業務，變成一個極具潛力的行銷公司。這已經是一家以顧客為中心的公司，跟一九八〇年代的特易購迥然不同。

那是第一個步驟。從那時起，顧客是我們採取所有重大決策的出發點，也是我們智慧的泉源。他們的意見幫助了我們解決看似棘手的問題。

例如，在「頭十年」（noughties）[6]，我們發現一些分店不再反映他們所服務社區的人口結構。這一點，對規模巨大的零售商很重要。如果你的商店不再是社會的鏡像，它不再與當地人民連結，也就不會滲透到這個社區的生活。成功的商店，應該始終要能做到這一點。如果只是家外來的商店，跟顧客的生活方式、文化或預算沒有任何關係與交流，商店就會開始失去吸引力。

我們一直仰賴英國的全國人口普查，來幫助我們選擇分店的設立位置、應該如何設計及布置該分店，以及商品的價格定位。問題是，人口普查是每十年才做一次，而且剛開始並不總是很精確。此外，近年來英國文化的構成，已隨著許多外來人口迅速改變中，但我們獲得的數據，卻無法反映出這一點。

二〇〇五年，當我們決定在倫敦西部的斯勞市鎮（Slough）重建分店的時候，更凸顯了這個問題的重要性。在當時，只要在社區附近繞一圈，就可以看出自從二〇〇一年的人口普查後，該社區發生了哪些變化（在二〇〇三至二〇〇六年間，斯勞市的學校中，母語不是英文的孩童比例，大概增加了七%[10]，是全英國增加最多的地方之一。有一間小學在一學期內就收了五十位波蘭兒童）[11]。然而，同樣的，我們的商店也很明顯沒有與社區的這些變化相呼應。還有一樣明顯的現象是，我們這種蓋在市區外典型的嶄新、閃亮的大賣場，與斯勞市鎮的多元文化市場、街道，以及它們由三十多國組成的族裔社區，一點也沒有連結，那占了自治城市約四〇%的人口。我們當時現有的商店，並沒有為當地的顧客提供什麼服務；我們計畫開一家新店面，自然也不會發揮什麼功能。

因此，全公司投入了大量心力去了解該社區，舉辦多場顧客小組會議，並和當地移民人口的社區領袖對談，試圖找出斯勞市鎮顧客的真正需求。結果，該市鎮的人告訴我們，他們希望能買到多一點他們熟悉的美食（用散裝的方式，這樣價錢也會低得多）、能展現他們傳統的服

⑥ 譯註：指這個世紀的頭十年，二〇〇〇至二〇〇九年。

裝，以及可以在我們店裡看到慶祝他們節慶的物品。這表示，不只是我們的行銷業務必須改變來滿足這樣的需求，還必須建立一個全新的供應鏈，找到不同食品的來源，也就是從印度、巴基斯坦、孟加拉和波蘭等地，找到超過一千種的新產品。這家商店必須非常慎重地重新設計，我們還聘請這些國家當地的貿易商協家營運，例如肉品櫃檯，另外也有傳統的印度甜點銷售店。這些是我們以前從未做過的事情。

新店開張的時候，那真的是成效斐然，傲人的成功。店內的氣氛和步調，加上顧客和員工的組合，真的反映了當地社區的需求，因此銷售成績增加了一倍以上。如果只是仰賴人口普查，我們不會進行後來的改變，更不會享受這些改變帶來的成功。之所以會有這些變革，完全是基於與消費者的直接接觸，並具備了解及傾聽的意願。我們還學到寶貴的一課，那就是我們在斯勞市鎮所做的冒險改革，也徹底改變了我們在全英國各家分店的經營方式。我們知道，如果特易購想要自始至終都成為一般普通家庭的首選，我們就不得不做改變，才能滿足一個全新、充滿活力及多元化的社會。

隨著時間的流逝，我們漸漸了解，顧客不但提供了解決問題的思考方向，也是我們創新最重要的泉源。在那幾年之後，我們推出了「新面貌」請求顧客協助我們一同企畫翻新所有舊店面，以及參與設計新的店面。每家店每天都非常忙碌，像是卡車整天忙著運送貨物；店裡有些貨品溢漏、有些破損；一些媽媽推著嬰兒車等等。這些事情都令人勞累，而且每隔一段時間就須大規模重新粉刷。在特易購，我們每隔五年就重新整理店面，並賦予它們最摩登先進的賣場樣貌。而每隔十年，我們就必須更換所有內部設備，例如照明裝置、空調、冷藏及冷凍設備等等。很多分店的裝修，就是一個隨時在進行的大型翻修改裝計畫；每年光是在英國，就得耗資超過兩億英鎊來裝修一百多家的分店，更別說還有更多海外的分店了。

然而，數量龐大的整修，意味著團隊中心逐漸陷入了「以一應全」的心態，而不是運用「新面貌」的整體設計原則，針對個別分店的特殊需求，來增加更適合的獨特改裝項目。那樣的做法，一方面使得我們的業務必須因為不斷地維修和調整而中斷，另一方面也得罪了一些顧客：他們清楚地告訴我們，他們並不總是喜歡翻修後的店面。換句話說，投資有時反而毀損了價值。

我們大可選擇忽略這些聲音，反正堅持不懈地改裝就是了。畢竟，翻新計畫必不可少，因為店面很快就會變舊，如果不持續改造和更新，它們很快就喪失生意，也會影響顧客的忠誠度，並使公司勞民傷財。延遲的代價就是賠錢。但是我覺得，應該讓顧客更直接地參與我們的變革才是。我建議，在分店翻修的期限快到時，何不先召開「顧客小組會議」，試著跟顧客解釋我們的計畫，即將花多少經費在我們認為必須翻修的各個項目上，然後徵詢他們的意見，讓他們挑選出希望在店裡面看到的最重要的變化呢？

你可能會認為這個想法很糟糕。畢竟，顧客並非商店的設計規畫師，他們連怎麼呈現商品展示也不清楚，為什麼要把決定權交到他們手上？他們怎麼可能會懂什麼是行銷？他們又怎麼可能嗅出最新趨勢？再者，免費的建議，什麼時候值得聆聽？

公司的同仁也這麼認為。這是可以理解的，他們有些擔心和緊張。我猜測，他們心想「泰瑞這次又想做什麼？」但事實證明了，行銷團隊跟設計規畫師對我的信任，讓他們召開了我建議的顧客小組會議，而且在最少的指導下，他們成功地給予顧客開誠布公說出內心想法的機會。結果顯示，一切比我預期的還更加有希望。顧客對於自己能有機會參與重塑自家附近超市的內外設計，真的感到很高興，也很熱愛。對很多人來說，那簡直就像是在翻新他們自己的家一樣；而且對於額外增加的好處，還不必付出任何代價。更重要的是，大部分人有很強烈的參與感，原因很簡單，大多數的消費者多半只固定在某間超市購物（雖然他們偶爾也可能會去別家），所以他們對那家店的設立過程有很大的興趣。所有這一切諮詢及合作參與的結果是：我們在銷售業績上有非常突出的改善，顧客滿意度也急遽上升。

另外，還有一個我先前完全沒預料到的結果。要做出顧客希望看到的商店，他們建議我們花費的經費，竟然只是我們一般在翻新店面會花費的一半金額而已。也就是說，翻修雖然是花我們的錢，但是顧客卻運用了他們在管理家庭收支預算時的智慧，非常妥善地運用每一分錢。同樣的錢，與其花在多餘的裝飾上，不如運用在降價策略上。精美的葡萄酒架、閃爍的新型燈具、造型獨特的櫃檯等等，顧客告訴我們，這些其實都不是他們想看到的，雖然設計師可能以為這些就是他們喜歡的店面設計。結果，顧客道出的真相，就為我們單單一家分店節省了一百多萬英鎊的花費。

我還記得，在某次的顧客小組會議激盪出的真相時刻中，催生了一樣全新的食品。在一九九〇年代中期，我參加過無數次的顧客小組會議，還記得當時，我們經常討論著、討論著，話題就轉到了特殊的飲食需求。如果要說實話，其實在那之前，我們對食物過敏的顧客的關注程度，就只是像雷達螢幕上的一個微小光點一樣。我們的行銷數據，幾乎都不曾記錄這些顧客買過的產品；只能說，在當時，那還是個微不足道的市場。然而，如果從消費者的角度來看，事情看起來就很明顯不同。一個家庭裡面如果有一位家人有特殊的飲食需求（例如對麩質過敏），那就會決定整個家庭選擇去哪裡購物了。

這是非常明顯的，當你用家長的角度去考量，沒有家長會希望為部分家人在一家店採購之後，再特別為了對食物過敏的孩子跑去另一家店採購其他東西。他們會傾向去一間可同時提供他們特殊家庭成員（有過敏體質的人）需求、又有大部分家庭成員所需商品的賣場購物。換句話說，有提供特殊商品的購物賣場排在第一，其他提供一般家庭成員所需的商品的賣場排在第二。實際結果是，可提供特殊食品的賣場（縱使價格貴了幾英鎊），比較可能賺到一個家庭每星期大約一百英鎊左右的消費額。

顯然，公司總部並沒有人真正為這些家庭設想太多，也沒有特別想到特殊飲食這個市場。他們看到了小規模的無麩質市場，但沒有體認到更大的規模，也就是這塊市場大餅。然而，儘管我們這個想法很有邏輯，我還是費了一番力氣才爭取到不錯的反應。但我們沒有具體策畫如何執行（可能不怎麼願意吧），或處理變化的後果。為了有過敏體質的人創建整個業務範疇，會影響我們的市場結構：那包括我們的經營範疇、品牌，以及相關的事物。還有，我們當時想進貨儲存的商品數量，無法讓那些獨立的採購經理人列入他們的採購重點項目中。

後來，我從一名非常特殊的顧客那裡得到了幫助。蕙薇（Patricia Wheway）來我們的商店購物，她的孩子喬治有麩質不耐症。她是一個非常有決心的女人，當她無法買到需要的東西時，她跟我約在辦公室見面。她說明了原因，並說我們應該聘用她來解決這個問題。她還承諾，她為會像她兒子這種有過敏症狀的人，開創一個新的商品範疇。如果我真的信任顧客，並相信他們信任我們，那我除了說「好」之外，還能說什麼呢？因此，我們僱用了蕙薇，給予她一些支持，她便著手開發第一個全面考量大眾特殊飲食需求的市場範疇。這塊新的營業範疇就叫「不受限」（Free From）。它本身的規模雖然並不巨大，在當時卻非常基本且重要：既具當代感，又有推廣行銷，每家分店內都有賣這些特殊的食品，所以很容易看得到。這是所有像蕙薇這樣家庭的人的救星，他們可以輕易地就在自家附近的特易購，用低廉的價格買到這些特殊食品。更重要的是，銷售狀況實在是太好了。

我們締造了一個趨勢。我們企業成功的證據，在於後來競爭對手也馬上開發他們的營業範疇，擠進這塊市場，使得特殊食品的投資大幅增長，提供了更多選擇，且貨源不斷。對於蕙薇的教導與幫助，我永遠都感激不盡。她後來繼續待在特易購，成就輝煌。

這整個經驗，使我更加確信，如果傾聽顧客的聲音，並根據他們告訴你的真相採取行動，你一定會發現驚喜。同樣的道理，一家企業或組織如果已經找不到方向了，卻不去詢問顧客（客戶端或一般民眾）為什麼對你們的企業已經失去信任，你將永遠不會得到你們為何失敗的真相。你可以嘗試說服自己已經想到了「對策」，但正確的機會並不在於做一些讓自己舒適的猜測，而是在於面對現實的真相。如果沒能先有這個體認，你會採取錯誤的行動，一心想找到正確的羅盤方位，卻走往錯誤的方向。然而，一旦你得到了真正的羅盤方位，你就已經邁向復甦的第一步了。

更大的真相

我在一九九七年就任常務董事時，特易購早已轉危為安：我們已經超越了桑斯博里超市，那是我們主要的競爭對手。但是，我下定決心，要用嶄新的企圖心跟使命，鞏固我們的企業，避免再次發生像一九九〇年代初期的問題。我們需要的是一個整合的團隊共同向前衝，團隊的每位成員都必須知道「特易購為何存在？」這個大哉問的答案。

組織愈大，挖掘這個答案真相的挑戰就愈大。這個答案的問題是：「我們每天日復一日到底都在這裡做什麼？」很有可能甚至沒人敢問這個問題。結果是，很多機構，尤其是企業，都可能變成毫無生氣、沒有靈魂的地方，在那裡，每個人對於主要該做什麼，沒有任何具創意的概念或想法。大家每天來工作，只是來做一點兒什麼（有時是非常枯燥的任務），來養活自己和家人。我並非在貶低他們給予承諾的那個時刻。每個人都必須謀生，每位父母也都希望能夠給付他們自己家庭的支出。但我所遇到的每個人，都希望有這個想法，就是他們的工作（雖然表面上看起來可能很單調無奇）可以幫助他們實現更寬廣的目標，而不只是把每週的薪水袋帶回家而已。

任何組織都應該明確知道自身的目標，這很關鍵，何以如此？就我所知，斯利姆元帥子爵撰寫《轉敗為勝》（*Defeat into Victory*），為此提供了最好的詮釋。這本書也說明了，為什麼工作在其中的人必須知道「我們為何在此？」這個問題真實而簡單的答案。

斯利姆的理由很簡單。在軍隊（正如在任何組織或企業）中，唯有士氣高昂，軍隊才會強大。他寫道，「士氣，是一種精神狀態」。

> 那是一種無形的力量，它會推動整個軍團的人，毫不保留地使盡自己最後的一絲力氣。那讓他們覺得自己屬於一種比他們本身更強大的東西。若他們感覺到那股力量，他們的士氣勢必有一定穩固、強壯的基礎；若他們必須忍耐，那麼這股士氣的本質，也會讓他們覺得應該忍耐。

斯利姆還列出士氣的基礎，像是「精神、智力和物質」。精神排第一，因為只有精神基礎可以忍受真正的壓力。接下來是智力，因為男人會同時被感覺跟理智左右。物質排最後（雖然物質很重要，但是排在最後），因為非常高昂的士氣，通常是在物質條件最匱乏的情況下產生的。[12]

在斯利姆的士氣名單中，最上面還寫著「必須有一個偉大和崇高的目標」。這就是「為什麼我們在這裡？」這個問題的答案。這個問題的答案無法輕易地被量化，它必須吸引我們的這顆心，而不只是這顆腦袋。而且它還必須忍耐接下來的戰鬥，或者是未來的財務報表（對組織或企業來說）。

就我自己的公司而言，沒有人曾經提出這個問題：「特易購為何存在？」要得到令人滿意的答案，必須經過一番奮戰。不過，我知道任何公司或組織偉大和崇高的目標（不必是本小說），必須有兩個必備的要素。

首先，它必須**持久**。我們的目標必須經得起考驗，而且有更新的能力。如果只跟一項產品有關而已，例如一台新電腦，或是一部新汽車，它只會在產品還很新的時候持續一陣子，再來就後繼無力了，只剩下漫無目的、毫無價值的組織外殼。其次，這個崇高的目標必須具備**高尚的特質**。它必須提供那些最被組織仰賴的人情感上的益處，而不是純粹的理性。對於企業來說，這些人指的就是它的顧客、工作人員和股東。他們都必須對公司或組織有好感及熱情。

請留意，在此並沒有提到「利潤」這個詞。只專注於淨收益的公司，很少能夠基業長青維持長久。淨收益只是一項短期的措施，這類公司只會變成用短期的成功換取永續的發展。然而，如果公司是專注於為顧客提供利益，那就代表該公司提供的比較是顧客長期的滿意度，而那正是創造長期利潤的持久方法。

柯林斯（Jim Collins）對這個議題有很多具有說服力的陳述。他引用了製藥巨頭默克公司（Merck and Co.）默克二世（George Merck II）的話：「我們要盡量記住，藥是用來給病人治病的……，不是為了利潤。利潤自然會有的。如果我們可以記住這一點，那麼，利潤從來不會不產生。關於這一點，我們如果能記得更牢，利潤就會更多。」[13]

「藥是用來給病人治病的」，這句話就像其他許多的真理，聽起來是那麼理所當然、顯而易見，幾乎根本就不須特別陳述。然而，隨著銷售的商品和服務已經比以往任何時候都複雜許多，其中的生產或銷售過程，已經遮蓋了這些簡單的真理。公司和組織的領導者，都變成把心力集中在賣什麼產品，而不是賣給誰。

所以，當我們努力設法找出「特易購為何存在？」這個問題的答案時，我漸漸明白，答案其實就在我們身邊。我們在特易購工作是為了替人服務，不是為了販售產品。我們希望創造價值，而不只是創造利潤。我們希望在自己跟顧客之間建立情感的連結，這樣他們才會不斷回到我們身邊。這種長期的自我期許，才能提供成功不墜的基礎。

把以上這些統整在一起，我得出一個結論：我們的核心目標就是「**為顧客創造價值，以贏得他們終生的忠誠**。」那與我們賣什麼產品無關，也沒有提到利潤，與我們是否值得顧客來採購、消費也無關。相反的，我們只集中注意力在顧客身上，而且我們希望贏得他們對特易購的忠誠度。更妙的是，藉由實踐我和同事們所信仰的理念，當我們立定目標、全力衝刺時，我們戰勝了其他的競爭對手；那些緊追在他們後頭的日子，也隨之結束了。

這些是對特易購產生深刻影響的力量。這個核心目標，是一個很令人驚訝的直接地練習。我擬出藍圖，與團隊共同討論，就是這樣。沒有曠日持久的戰略期，也沒有沒完沒了的會議跟一堆掛圖。我們在一九九〇年代中期所做研究的影響，就是大家明顯看到公司是為顧客而存在，而我們的目標，不應該是贏得他們今天或明天的光顧而已，而是要贏得他們一生的忠誠。

對我來說，這個核心目標，是一個偉大的和崇高的目標。積極、富有雄心，它反映了我一直懷抱的簡單目標：**幫助一般人生活得更好**。最重要的是，它是從一個簡單的真理得出的真相：**忠誠是所有成功組織的基礎**。

參考書目

❶出自《雜貨店》（*The Grocers*），賽斯（Andrew Seth）、蘭德爾（Geoffrey Randall），Kogan Page出版，一九九九年，第24頁。
❷同上註，第25頁。
❸傑克・寇恩引用自《反革命：特易購的故事》（*Counter Revolution: The Tesco Story*），鮑威爾（David Powell)著，Grafton Books出版，一九九一年，第119頁。
❹同註❶，第24頁。
❺同註❶，第25及第27頁。
❻同註❶，第33頁。
❼出自英國《衛報》（*The Guardian*），引用賽斯與蘭德爾合著的《雜貨店》（*The Grocers*），第33頁。
❽同註❶，第35頁。
❾出自斯里蘭卡《週日時代》（*Sunday Times*）二〇〇一年四月一號刊。

❿ 請見 http://www.zen99662.zen.co.uk/id/resources/DemographicsSummary.pdf

⓫ 請見http://www.audit-commission.gov.uk/SiteCollectionDocuments/InspectionOutput/InspectionReports/2009/sloughbcaplacetoliveinspection13aug2009REP.pdf

⓬ 節錄自《轉敗為勝》一書，斯利姆元帥子爵著。此處節錄自一九九九年的Pan Books 版本，第182頁。

⓭ 節錄自默克二世（George W. Merck）一九三五年四月二十二日對美國化學學會醫學化學部門的演講〈重要的合作夥伴：化學工業與醫藥〉。這句話被引用在《基業長青》（*Built to Last*）一書中，柯林斯（James C Collins）、薄樂斯（Jerry I Porras）合著，Random House出版，二〇〇〇年，第48頁。

| 第二章 |

忠誠度

忠誠的顧客，是所有公司最好的行銷。

贏得、並留住顧客的忠誠度，是任何企業與組織最好的目標。尋求忠誠度有一個主要的古老方法：如果對方達到你的期望，你就獎勵他們的行為。

企業面臨著許多相互競爭的目標，像是銷售額、市場占有率、營業利潤、優秀的員工、獲利豐厚的投資、良好的聲譽等等。這些都很重要，但哪一個最重要？這不是一個假設性的問題。由於企業可能同時擁有多重亟欲達到的目標，所以，所有經理人都一再被迫將其中一個青睞的目標，擺在其他目標之前。他們通常不會在會議中明確地做出決定，但會在進行雜亂的日常業務時貿然地做出選擇。由於有各種不同的壓力，所以，在所有目標中選定一個明確的目標很重要，這可以是一個指南針，引導大家朝向一個共同的目標邁進。

事實上，贏得並留住顧客的忠誠度，毫無疑問的，是任何企業與組織最好的單一目標。無論是哪一項業務或是活動，每次要做決定之前，都可以藉由這個簡單的問題來做確認：「這樣做，會讓顧客對我們更忠誠，還是不會？」市面上已有很多探討顧客忠誠度對企業或組織重要性的書，其中，作家賴希赫德（Frederick Reichheld）對此著墨甚多。他所認為的忠誠，不但與人有關，在企業中更涉及所有的人，因為那是一種相互的連結。要建立顧客（以及員工）對公司的忠誠度，你都必須先忠於他們，無論遇到任何困難。

尋求忠誠度有一個主要的古老方法：如果對方達到你的期望，你就獎勵他們的行為。如果一家企業要獎勵某種特有的行為，就必須讓它能夠在企業內獲得充分的發展，之後就會產生正面積極的反應；而隨著時間的推展，慢慢就變成了一種忠誠度。獎勵的行為，可能是員工的辛勤工作、投入和創新；也可能是一項生意的長期投資，即使時機不好；或者是顧客願意一再購買你的產品或使用你提供的服務。學校擁有忠誠的家長；公司擁有忠誠的股東；慈善機構擁有忠誠的捐助者；零售商擁有忠誠的顧客。每個群組的共同特點是，他們願意支持該組織，而且該組織獎勵他們的忠誠度，無論是透過它的表現、股息或是服務品質。這可能也表示，該公司在時局不好時必須降價，或是增加一點成本來提高服務品質。要創建一個忠誠的員工團隊，管理階層必須認識到，雖然金錢和利潤至關重要，公司本身運作的價值觀也同樣重要。要擁有忠誠的投資者，管理階層必須提供一個可持續成長的遠程計畫。

然而，儘管忠誠度很重要，但是在判斷一家企業是否非常打拚、前途看好時，分析師通常考量的是其他因素，例如：目前的利潤、資本報酬率、每股的收益等等。稍微思考一下，你會發現，忽略忠誠度真是很奇怪的事。在二十世紀後半期，西方國家就已看到商品和服務的市場變得愈來愈擁擠，有愈來愈多的顧客隨時都能從原本習慣或喜好的供應商與品牌，換到別的供應商與選擇其他品牌。

從二十世紀末到二十一世紀初，自由市場在數位革命的驅動下迅速擴張，導致更多的選擇和資訊的快速傳播。一九八〇年時，全球大約有六大牛仔褲品牌；到了二〇一〇年，估計已有八百多個品牌。從一九九九至二〇〇二年間，透過印刷、影片、磁儲存器①和光纖儲存器②傳達的信息量，相當於美國國會圖書館所儲存的資訊（包含一千七百萬冊書籍）的三萬七千倍。

---

① 譯註：magnetic storage，例如錄影帶、磁碟片。
② 譯註：optical storage，例如CD、VCD、DVD。

從二〇〇二年至二〇一〇年間，信息的傳遞量，估計又已增長了十倍。[1]所有的選擇，所有的這些資訊，都增加了顧客到別處購物的誘因，也測試著他們的忠誠度。

大家不妨想一想，這些已經對自己的生活產生什麼樣的影響。無論你要買一輛車，或選擇去哪裡吃一頓飯、購物，決定買什麼牌子與什麼口味的玉米片，或者去哪裡度假等等，選擇都變得多不勝數。這要感謝網路的興起與發達，世界瞬間就在你的指尖上。因此，公司或組織想在這個世界上蓬勃發展，就要設法跟你建立一種情感，並贏得你的忠誠度，讓你本能地想要一再去他們的商店購物、投資他們的股票、贊助他們的活動，以及使用他們的服務等等。

這種感情有一部分是理性的。你買了某件產品，因為你知道它有用；你投資某家公司，因為你已經看過該公司的帳本，並且知道它的業績很好；你送孩子去念某所學校，因為你知道那所學校有一種偉大的民族精神，而且教學成效良好。但是，情感同時也在運作中，也就是說，不管你選擇了哪個產品、哪間公司，還是哪個組織，你都選擇了分享他們的價值觀，或是你對他們的認同感。

這兩種情感，一個理性，一個感性，都會產生忠誠度。它們在組織內都看得到，為顧客或用戶創造了實實在在的利益。這當中創建的價值，可能是量化的（例如售價、投資報酬率等）、有功能的（例如可靠性或便利性等）。同時，它又有一種無形的、情緒性的因素在內。這些因素融合在一起，建立了忠誠度，而這反過來又帶來更多的消費、更多的利潤和投資、更好的服務，以及更深刻意義上的忠誠度。

利潤是跟著這些東西而來，並非帶來這些東西。而且我覺得毫無疑問的，對於任何企業來說，專注於忠誠所產生的經濟效益，非常引人注目。顧客忠誠與不忠誠行為之間的差別，是無法衡量的利潤；換句話說，**忠誠是獲利的最大驅動力**。擁有顧客的忠誠度愈久，你就不必經常花錢試圖尋找新的顧客，取代舊有的顧客。大多數的企業，即使是最好的，隨著時間的流轉，多少都會流失不少客戶。當涉及競爭激烈的市場，例如零售業，顧客的流動率比多數人想像的還要多很多：一家企業每個月失去的顧客比例，可能高達百分之幾。有些企業，例如手機電信公司或汽車保險公司，可能在每兩到三年的時間內，整個顧客群就換了一批。由此可見，即使只是增加一點點顧客的忠誠度，就可能對每個月必須更換顧客群的數量產生很大的影響。

招攬新的客戶並不便宜，那可能是一家企業最大的支出。有些金融服務業固定會花費一半的營業毛利來招攬新客戶。要賺回投資的金額，並預見新客戶可能帶來的獲利率，可能需要幾年的時間。而且令人沮喪的是，就在你認為已經贏得了他們的忠誠度，並開始賺取利潤時，你會發現，有些甚至很多顧客又轉去光顧其他商店了。一家公司如果能留住這些顧客久一點，即使只是一小段時間，等到他們的消費變成習慣，並帶來利潤時，便能使公司的淨收益有顯著的不同。

如今，要實現這個目標是愈來愈難了。當然，數位革命是原因之一：如我先前說的，現在的人，比以往任何時候都有更多的選擇，也有更多的權力。現在的人不再毫無理由地順從，則是另一個因素；他們不再認為應該劃定及受限於所謂的「社會地位」，或消極的採取「要不接受，要不就放棄」的態度。他們已經產生一種意識，就是他們有權利選擇，也有權利享有優質的服務和照顧（無論是從公司或公共機構）。他們了解到，他們可以輕易選擇要去哪家賣場消費，而且每家賣場的競爭對手都在爭取他們的注意力，讓他們的忠誠度不但具有一定的價值，而且還可以試圖把這個價值抬高。

有些企業採用完全錯誤的方式應對這個挑戰：他們認為，只要略施點小惠，來引誘新的客戶就夠了。事實上，他們提供的這類小惠，大概也就是顧客從該家公司可以得到的最好的優惠了。然而，事與願違。採用這種策略的企業，實際上卻發現，這樣做反而助長了顧客改變原有的消費習慣，從這家商店換到另一家。顧客的消費行為，開始產生相應的變化：永遠當一個「首次光顧的顧客」，不斷變換購物的商家，來獲得最優惠的價格，是再完美也不過了。汽車保險業傾向採取這種類型的行為模式。許多保險公司提供最優惠的價格給不認識的新客戶，而不是原本已經認識的舊客戶。像這樣，獎勵不忠誠的行為，把優惠給了新客戶，而不是舊客戶，這類公司無疑就是陷入了螺旋式的危機，不但失去了原有的忠誠顧客，還窮追著不忠誠的新顧客。正確的做法，幾乎與此完全相反。當然，每位顧客你都應該獎賞，但你**應該特別獎勵那些一再購買你的產品和服務、以此顯示其忠誠度的客戶**。當你愈了解你的顧客及他們的消費行為，你就愈能夠投資在讓他們永保忠誠的策略上面。

透過獎勵忠誠度，公司成長得更快。如果甲公司失去一〇%的舊客戶，獲得一二%的新客戶，那顧客的成長率是二%；如果乙公司獲得一二%的新客戶，但只損失五%的舊客戶，那它顧客的成長率是七%。換算成股價來計算好了，從這些不同的成長率很容易就可看出，乙公司的價值是甲公司的兩到三倍。你可能會說，甲公司只須努力招攬新客戶來替代舊客戶，這樣問題就解決了；但事實上，招攬愈多的新客戶，公司付出的代價愈高昂，最後實際上已經無利可圖，也無法彌補消滅的成長率。

忠誠度，也以另一種方式刺激企業成長：**忠誠的客戶，消費更多**。特易購測量了「功能性的忠誠度」（functional loyalty，也就是我們抓到的每位顧客的消費額資料）和「情感上的忠誠度」（emotional loyalty，也就是顧客對我們的信任）。這兩者之間有很強的關聯。我們發現，顧客愈跟我們購買東西、享受我們的服務，就愈信任我們；而因為他們信任我們，也就更傾向於嘗試我們提供的其他商品或新產品。這是一個良性的循環，尤其當我們要擴大營業範圍時，對我們很有利。我們非常關注這一點，如果特易購要擴大業務，應該提供什麼產品比較好。舉例來說，如果是保險與手機，那顧客是否有可能會對這些方面的服務不太滿意，連帶削弱對整個特易購品牌的忠誠度，以及採買食品的意願。倒過來想：買了我們其他營業項目的產品與服務的顧客，大部分可能也會順便在我們店裡購買食物。

對於忠誠的顧客，企業通常不須花太多成本去維護。一般而言，他們對該企業瞭如指掌，也喜歡它。他們甚至認識、並喜歡工作人員。他們的抱怨變少了、退貨情況也減少了，也不需要太多的協助。他們往往讓工作人員有機會展現最好的那一面，並給予更正面的評價和回應，使得工作團隊覺得受到重視，提高了他們的自信，以及他們在雇主面前的尊嚴。

忠誠的顧客，是所有公司最好的行銷。畢竟，沒有什麼能擊敗身為第三方的顧客的背書：顧客讚美的每個音節，價值遠遠超過任何的行銷、廣告或協助。這些顧客的重要性，等同於該家企業的大使：他們是企業的家庭成員。甚至當企業遭到批評時，他們也會出來捍衛該企業，指出該企業為他們顧客及社區所做的其他業者沒有留意到的地方。所有成功的企業，都會有不喜歡它的誹謗者，批評的論述可以有很多，這些人還會信誓旦旦地大聲表達他們的不滿。不忠誠的顧客不會設法為這些批評的論點緩頰，但忠誠的顧客則會這麼做。

視顧客忠誠度甚於一切的企業，不會因為一些顧客口袋的錢比較多，或是對價錢高低比較不敏感，就只集中在試圖贏得這些顧客的好感及購買欲。我們的想法是，每個人都有不同的需求和預算，所以我們必須找到一種方法，可以為所有人創造一定的價值，並確保他們每一次在特易購採購，都可以得到一些好處，即使只是很小的好處。如此一來，他們獎勵我們的，是更大的忠誠。雖然我們獲得的回饋不多，因為很多顧客都緊縮預算，但是對我們來說，每位顧客只要有一些些的消費，便能聚沙成塔。所以，我們總是試圖用很多的行銷策略，以及提供各種商品的報價，盡可能地建立顧客群的忠誠度，無論他們的預算多或少。我們不會輕視任何的顧客。幾乎所有企業、全球連鎖店，或是高級街巷的精品店，都應盡力挖掘出每位顧客渴望擁有的願望。即使顧客在當下沒有足夠的錢購買商品，只要是成功的零售業者，就不應摒棄那位顧客。「歡迎大家來特易購」是我們強而有力的信息；我們很包容，沒有排他性。

這樣的觀念與態度，除了適用於顧客服務外，也適用在我們的員工上。任何公司或組織機構裡，**擁有忠誠的員工，則受益良多**。員工如果對顧客有更多的經驗，無論是在購物或服務方面，他們就愈有能力維持顧客的消費習慣（或滿足其需求），並建立他們的忠誠度。正如企業會設法吸引和留住新顧客，它也會吸引和留住最優秀的員工，並建立員工的忠誠度。員工待的時間愈長，他們可以完成任務的速度愈快，而不會損害到工作品質。當生產力和效率變得更高，就可以獲得持續的利潤，公司也就更能吸引（我很慎用這個詞）認同我們管理核心目標的投資者。藉由留住優秀的員工，你可以確定的是，他們的經驗和見解將會傳承給新的員工，而這是你可以給他們最好的一種訓練。

該如何建立一個忠誠的團隊？**建立正確的文化**是答案之一。正確的文化表示，藉由建立一個核心目標來激勵員工，而不單單是「你做得愈好，領到的薪資就愈多」；藉由建立明確的價值觀，讓每個人都獲得公平的對待及受到重視；藉由信任員工的能力，並允許他們可能犯錯。一個忠誠的團隊，是不會充斥著派系的，也不會有某個組別比其他組別獲得更多利益的情況。團隊中每個人都必須得到進步的機會，並應該獲得幫助。在企業長期的成功獲利階段，每位員工都應該分享利益，例如分享利潤、配股權，或是退休金。我離開特易購的時候，八位常務董事當中，就有五位已經投入非常久的心力，對公司貢獻良多。特易購當時擁有的持股員工，比世界上其他任何公司還要多。

要長期擁有忠實的投資者，就比較困難。顯然，每位投資者都希望他的投資有所回報。然而，再強調一次，只想在短期間內獲利，並試圖迫使公司管理階層短期內便能提供盈利報酬的投資者，最後將使得該企業無法永續經營。忠實的投資者應該是長期的。這表示，管理者必須小心翼翼地找尋適合的投資者，把他們視為事業上的合作夥伴，與他們一起分擔問題和挑戰，就像是與高階管理者共事一樣。最好的投資者，是能夠理解的人，他們能夠接受企業需要一定的時間來建立顧客的忠誠度，而且知道，最後只有忠誠的客戶才能提供最高的投資報酬率。

建立員工和股東之間的忠誠度，至關重要，但建立顧客的忠誠度，則是成功的關鍵所在。這個簡單的觀察，是特易購核心目標的基礎：「為顧客創造價值，贏得他們終生的忠誠」。然而，要做到這一點，你必須徹頭徹尾地了解你的顧客。

追隨顧客

對顧客忠誠的企業，會讓顧客推動他們的業務。方向盤上不會出現其他的手，後座也不會有其他人叫嚷著開往不同的方向。為了實現這樣的關係，企業必須了解他們的客戶：他們是誰、他們如何生活、他們需要什麼。蒐集的資料愈豐富，愈能做出更多的回應及提供創新的做法，贏得顧客的注意力。用這樣的方式，你就創造了一個連結關係；這個關係如果持續下去，就會變成忠誠度。

例如，傳統的顧客調查研究，都是聚焦在小族群的人和民意調查，雖然有所助益，但效力有限。這樣的研究，永遠無法準確地告訴你，哪些顧客是忠實的客戶、他們的習慣和口味是什麼，以及獎勵他們忠誠度的最好方法是什麼。你必須仰賴客戶實際上對他們需求及行為的陳述，而且，你無法檢查他們是否言行一致：他們是不是真的到你店裡購物？如果是，他們買的東西，是不是就是他們之前跟你說的東西？

有人可能一整年就在某家公司花了非常多的收入購買東西，而那家公司卻壓根兒也不知道這位消費者是誰。是一位年輕的媽媽？還是一名學生？或是退休人士？他們是永遠忠誠的顧客，還是會去其他商店購物的人？如果這類顧客從此不再到這家公司購物，這家公司會注意到嗎？更別說會知道為什麼吧？如果他們維持忠誠的消費行為，該公司會知道怎麼感謝並獎勵他們嗎？要回答這些問題，必須有相當程度的洞見，為此，你必須對專門識別和獎勵忠誠度的整套系統有完整的了解。特易購的成功，絕大部分是奠基在這樣的系統上：**會員卡制度**。

會員卡的前身是失敗的。一九九三年，馬莎百貨是英國最賺錢的零售商，它在最近才被沃爾瑪超越，後者是現今全球獲利最多的零售商。而桑斯博里超市，不只曾是英國、也是全世界最賺錢的雜貨零售商。英國引以為傲的兩家零售商，馬莎百貨和桑斯博里超市，是英國企業的代表，深受中產階級消費者的喜愛。

同時間，如我之前提到的，特易購正在衰退期中掙扎求生，不但不受中產階級客戶的喜愛，還得面對來自德國新折扣零售商的壓力。英國《泰晤士報》（*The Times*）當時發表了特別苛刻、不利的結論：「如果你需要高品質的東西，就去桑斯博里超市；如果你想要打折的東西，就去折扣商店。而特易購卡在中間，誰需要去那兒購物？」在一九九三年，桑斯博里超市的市價約八十五億英鎊，而馬莎百貨的市價，在同一年年底上升到一百二十五億英鎊。特易購似乎陷在低潮中，市價只有四十五億英鎊左右而已。對我們來說，馬莎百貨和桑斯博里超市幾乎是無懈可擊的。

到一九九五年底時，無論是在市場占有率或股票市值方面，特易購超越了桑斯博里超市，成為英國頭號的雜貨零售商。兩年後，特易購超過了馬莎百貨，成為英國的頭號零售商。從那天起到現在，馬莎百貨和桑斯博里超市從來沒有能成功挑戰特易購在這塊市場的領導地位。到二〇一一年，特易購已經發展成那兩家公司的六倍左右。這個轉變，有人說是英國企業史上最明顯的蛻變。那要歸功於我們所做的一些變革。而一九九五年二月推出的會員卡制度，在我看來，無疑是最重要的改革策略。

我們的會員卡，是世界上第一張消費者忠誠卡（shopper loyalty card）。它的核心理念很簡單：加入會員的顧客，可以拿到所購買商品的一%的折扣優惠做為獎勵。相對的，我們把結帳櫃檯印製出的重要消費數據蒐集在一起，然後得出顧客的姓名及其購買商品的資料。就這麼簡單。既然這麼簡單，那為何之前沒有人做？為什麼特易購是第一個這樣做的企業？

這跟技術很有關係。從今天發展的優勢來看，如果生活中沒有了網路、電子郵件、臉書和網路購物的話，幾乎是令人無法想像的，更不用說是沒有電腦的生活。然而，直到一九九〇年代，阻礙公司蒐集顧客數據和分析資料的最大障礙，就是電腦系統，那對任何組織來說，成本都太高了。當我在一九七九年加入特易購時，全公司只有一台電腦而已。那台電腦占據了我們公司一整層樓的面積；電腦、專屬的空調，以及專屬的特殊安全設備，比員工還得寵。我當時是個年輕、求知欲很強的行銷專員，不顧一切地想要分析是哪位客戶買了什麼產品，什麼時候買的，在哪家分店買的等等，但那幾乎是不可能做到的。我不得不去問電腦部門的同事（注意！不是行銷部門），得到的是關於產品出貨裝運（不是產品銷售）非常有限、特定的少許數據而已，而且還得排隊等待請求處理，因為電腦系統還得處理其他各式各樣的問題。等到我終於收到一點資訊時，那已經是跟上個月的報紙一樣的舊聞了。換句話說，中看但不中用。

條碼的產生，開始創造了更多的可能性。一九七四年，美國箭牌公司③賣了一條有條碼的口香糖，從此，條碼便潛入了我們的生活。對於客戶來說，那些細小的黑線，意味著排隊時間更短、處理速度更快，櫃檯人員不須再將大多數商品的價格一一用人力輸入收銀機。對於零售商而言，條碼製造了數據，以及其他很多資訊。零售商至少可以在最後抓到詳細的產品銷售狀況。然而，問題依然存在。儲存這些數據的成本很高，以至於我們只能留住數量有限的分析數據，其餘的便自動丟失了。更糟糕的是，這些數據並沒有告訴我們實際購買產品的顧客是誰。我們可以知道洗髮精的銷售狀況，但無法得知購買這些洗髮精的人是誰（除了知道他們有頭髮之外）：是男，還是女？老年人，或年輕人？已婚，或單身？是為家庭買很多瓶，還是只為個人買？

---

③譯註：Wrigley，創立於一八九一年，是全世界糖果品牌的領導者之一，也是全球首屈一指的口香糖生產商及銷售商。

缺乏這類資訊，不但令我感到沮喪，也讓我對在大學裡學到的知識感到生氣。市場行銷的核心原則很簡單，就是找出客戶想要什麼，然後提供給他們。但我，或特易購，如果沒人知道那些客戶是誰，也不知道他們都買了些什麼，我們該怎麼做?雖然有顧客研究這種東西，我們也做了很多，但正如我先前說的，那是針對有限的幾千位顧客所做的調查而已，然後由民意調查機構做詮釋，可信度有待商榷。透過這類客調的研究報告，你只會知道什麼人說他們已經買了什麼，或即將要買什麼，但你不會知道實際上到底發生了什麼。尤其是，它沒辦法讓你獎勵顧客的忠誠度。

我對於未能酬謝忠實客戶的無奈，一方面也出自一九七七年我在曼徹斯特為合作社運動（Co-operative Movement）工作的經驗，在那裡，我開始了我的職業生涯。合作社由顧客所擁有，十九世紀前半期透過工業革命的催化，開始遍布於蘇格蘭和英格蘭北部。當時有些工人希望除了工廠業主的商店之外，還有別的商店，可以讓他們消費自己辛苦掙來的工資，所以他們成立了自己的商店：合作社。合作社的利潤，歸其擁有者分享，也就是這群工人；分紅方式，大致按照他們在商店中各自消費金額的比例。這種早期的忠誠度模式，與我後來在特易購遇到的問題相同：合作社從來沒有對任何數據加以分析，所以它永遠不會知道哪些人是最忠誠的客戶、他們買了什麼，以及他們什麼時候買了那些產品等等。

到了一九九〇年代初，摩爾（Gordon E Moore）④再次發揮他的先見之明，預測出電腦處理資訊的能力指數將會增高，新的電腦技術將會出現。如今，藉由刷讀商品條碼這個動作，電腦就可以處理如山高般的資訊，甚至還可以連結到購買該商品的個別顧客，只要我們有辦法辨識這些資訊。

當這個問題在我的腦海裡盤旋時，我在想，根據現代化的電腦能力，特易購不知道能否重塑合作社的會員計畫？藉由連結顧客的身分與他們購買的東西，我們不但能了解他們的消費行為，也能夠做出反應，改善特易購可以提供的商品，無論是啤酒、穀類、炸魚條、尿布，或其他任何東西等等。我不能說我是唯一想到這件事的人。一九九〇年，我獲悉（英國大曼徹斯特郡）貝里合作社（Bury Co-operative，由幾家商店組織而成）試圖建立一個電子會員計畫。該計畫後來無疾而終，但它讓我知道，我必須在別人開始之前搶得先機。

在那個時候，我是特易購鮮食採購部門的主任，負責業務包括監管產品行銷。當時還沒有行銷總監這類職位，行銷工作是由公司另一位身兼其他職務的同事負責執行。有一天，當我們一起搭火車旅行時，我藉此機會向他提出我的想法。結果，他直接就拒絕了，理由完全可以理解。他表示，他還記得特易購在一九七七年就已經放棄了一個巨大的集郵忠誠度計畫。⑤此外，他回憶道，那項計畫給人一種廉價的形象，而且，說得委婉一點，等於是為特易購那段不

---

④譯註：英特爾的創辦人之一，他在一九六五年發表了一篇有關集成電路的短篇論文，那是對後來的電腦業極為重大的預言及定律，成為新興電子電腦產業的「第一定律」，並被譽為「摩爾定律」，也是迄今關於半導體方面最具意義的論文。

⑤譯註：Green Shield stamps，綠盾郵票，見第一章。

成功的時期做了註記。當時，我們的執行長麥克勞林（Ian MacLaurin）勇敢地賭上他的職業生涯，中止了這個策略。這位同事顯然不會冒著自毀前程的風險去跟執行長坦誠，說其實一些忠誠度計畫如今證明確實是個好主意。

我很沮喪，但為時不長。一九九〇年代的金融風暴，讓公司在災難的考驗中，尋求新的答案與方向。我被擢升為行銷總監時，終於有機會提出可能的新方針。當我提出了我的想法時，特易購的董事會如果不算是持懷疑態度的話，那就是很謹慎：結果是，有幾個人反對。理由是，如果整個零售業都發出會員卡，特易購將很難有什麼優勢。其次，一%的折扣是個問題：它可能看起來似乎不是很多，但在當時，大多數零售商的稅前利潤才大約四%，所以，從理論上來說，至少損失了二五%的利潤，關係重大。再者，究竟要多少的折扣，才足以吸引客戶成為會員？這從一開始就不很明確。多數行政主管認為，一%太少，可能至少要增加一倍以上，也就是在二%和五%之間。如果他們是正確的，那將是特易購利潤的終結。

不過，我仍奮力不懈，並從顧客的建議中得到鼓舞，同時也得到悄悄試驗該計畫的批准。我們只選擇在幾家店實驗，首先鎖定三家，先知道如何籌畫這整套系統，然後再在十多家店測試，以取得更明確、更有意義的結論。結果，銷售額增長。更棒的是，我們發現推出一%與二%的折扣時，實際結果顯示出，對於回客率這件事，低一點的折扣與高一點的折扣，效應是一樣的。經過數小時的辯證分析，我們試圖估算什麼樣的銷售和什麼類型的折扣，對顧客影響最大。結果成功了。

接著，就是數據。雖然蒐集數據代價昂貴，至少當中有很多資訊必須分析。如果我們適當地、且有系統地研發，我確信，我們獲得的洞見，將可負擔許多倍的投資。然而，對我來說，這項計畫的肯定來自顧客的反應：他們喜歡它。那可能只是透過一句簡單的「謝謝你們」，不是什麼多大的示意，但他們之前從來沒有親自表達過謝意，對舊的忠誠度郵票計畫當然沒有。這對我來說意義非凡。我們對他們忠誠度的感謝，加強了他們對我們的忠誠度。

一九九四年十一月，我們在年度的策略會議上，決定了是否要在全英國推出會員卡制度。這涉及特易購整個董事會，包括外部的董事在內。雖然過去多年來，我曾多次向他們提出這個建議，也以董事的身分參加了前兩次的會議，但現在進入在座都是我上司的會議室，仍然讓我感到不安。我知道他們評斷我的建議時，純粹是看其可取之處，但我覺得（大概錯不了），他們也是來評價我這個人的（當我後來成為執行長時，我總是試圖讓在座的同仁感到放心，我們只是在討論手頭上的問題，並不是在評價他們的人。我只做到了部分的成功。畢竟，在激烈的辯論中，你其實很難記住，被評論的是你正在發表的論述，而不是你）。

因為事關重大，我們都有共識，我們正在討論的是一項重大的戰略措施。那是一個出奇平靜的會議。雖然我是個年輕的行銷總監，而且我還建議重塑一個失敗的計畫，並將進行一個全新的業務方向，但我很驚訝我獲得的支持。繼續前進的決定是一致的。對執行長麥克勞林而言，這是個勇敢的舉動：之前廢除舊的忠誠度計畫，現在授權重新做一個新的計畫。其他雜貨零售商可能已經開始思考忠誠卡的制度，有些人甚至正在試用，但我們率先冒險投入開發。

現在，這是一個與時間賽跑的競賽。一旦我們繼續進行的企圖變得更清晰，我們的競爭對手似乎就即將嘗試出手擊敗我們。董事會對年輕的行銷團隊表現出極大的信心，團隊的平均年齡是三十歲，由三十八歲的我帶領。我們都被允許做我們想做的事，只為了盡快在全英國推出這項會員卡計畫。這當中包含了開發概念、建立系統、用極快的速度做廣告等等。所有這一切，再加上很多的細節問題，都必須盡速確定下來。然而，沒有任何人對這類型的企業有任何的經驗，也沒有其他任何具體制度可以比較。

一九九五年二月，我們推出了很盛大的宣傳活動，也在全英國公開做宣傳。英國的消費者跟他們的超級市場有著很特殊的關係，就民族意識方面，那比在其他國家扮演的角色更重大。有時候，那可能會是個問題，但就推出會員卡這件事來說，正好大大提升了宣傳效果。當天，從早上發生的第一件事情開始，會員卡推出的消息，就充斥在全英國的電視新聞中，並上了第二天的報紙。

在推出的當天，我們得到的結果是一個巨大的突破。當時仍然是零售業領導品牌的桑斯博里超市，在這樣的壓力下，無法立即做出公開回應，便以會員卡只不過是「電子綠盾郵票」來打發。我們無法相信自己的運氣。這種明顯的、未經思考的下意識反應，已顯示出這個組織所有的特色，即使他們是眼前排名第一的零售商，也會很快成為過眼雲煙。他們應該要停下片刻，詢問顧客是否喜歡會員卡這個主意，並思考他們可以從競爭對手身上學到什麼，而不是立即反駁我們發起的創意。這反映了他們缺乏應變的策略，而且他們對競爭所顯出的態度更是不言而喻。它也教會了我重要的一課：**找出競爭對手的創新優勢，始終勝過挑出他們的弱點**。你可能會覺得，攻擊競爭對手是更好的對策，但長遠來看，向對方學習才是明智的。

桑斯博里超市的反應，也代表了現代通訊固有的風險。在零售業和其他地方，太常發生意想不到的事情，你被迫必須即時回應。你的專業公關顧問會說，「就好像自然界不喜歡四處空空洞洞的⑥，媒體也一樣。如果我們自己不填滿缺失，外界的批評就會不請自來。」然而，沉默有時是最好的行動方針，它讓你的選擇保持開放。如果你沒什麼話好回應，不如什麼都不說，或是以簡單的真相回應：「等我有時間好好思考時，我會告訴你我的想法。」（在現代的溝通中，不知道是什麼原因，真相被認為是不可接受的）。以「電子綠盾郵票」來回應，聽起來可能像一個精心設計、機敏迅速的還擊，但它其實標誌了英國零售業的佼佼者桑斯博里超市，已經開始由高峰走下坡。

當我聽到桑斯博里超市的反應時，我們正在倫敦的一家酒店舉行簡單的記者會。我是一個天生謹慎的人，我會仔細去看每件事負面傳聞背後的因素。但我知道，我們剛剛有了神奇的造化。新聞媒體抓住機會，針對桑斯博里超市的聲明猛撲。桑斯博里超市愈是自我捍衛，愈掉入他們的陷阱。如果桑斯博里超市的執行長夠勇敢，或許應該回應：「我認為，會員卡制度是特易購很好的一個想法，我們也應該要做。」這件事情的結果是，我們進入了一個位居領導地位

⑥譯註：自然界是萬物叢生的地方。

的關鍵時期。眼看木已成舟，桑斯博里超市最終也推出了會員卡，但它設立的時間滿晚的，似乎像是被迫跟隨特易購才不得已嘗試，而不是他們為顧客設想的一個大膽的措施。

在全英國推出會員卡，比在試驗中取得更大的成功，商品銷售量迅速成長。會員卡推出後不久，我就開始搜尋最新的工業數據（industry figures），那是非常關鍵的統計數據，從零售商這個工業的平均水準來看我們每週的銷售成長。以成熟的行業來說，例如零售業，工業（平均）指數（industry average）的任何一個成分，如果成長一％或二％，一般來說是可預期的。結果，非常不尋常的事情發生了：那天早上，我們成長了一一％的比例。我知道在那一刻，這個行業有個東西永遠改變了，我的生命也是。挾著這股銳不可當的趨勢，我們在當年就超越了桑斯博里超市，成為市場的領導者。一直到我在二〇一一年卸任時，我們仍然獨占鰲頭。

我們的成功，要歸功於獲得兩樣很基本的東西。第一，顧客得到忠誠度的折扣回饋，不論他們花了多少錢買東西：我們的計畫並不在於要顧客花費更多，好讓我們招攬更多的生意，那只是一個單純又簡單的謝意。第二，折扣並沒有隨著顧客花費的增加而增多：對於花費較多的顧客，我們並沒有給予比花費較少的顧客更多的獎勵。曾有人強烈主張應該要有明顯不同的獎勵計畫，但我們只想要讓大家很清楚每一位顧客的價值：「特易購歡迎每個人。」關於這一點，後面會再討論。這個價值觀，具體地呈現在我們的制度中，那包括了包容性，以及無階級意識。

在接下來的幾年，會員卡的好處，愈來愈令人感到實在。這項計畫成長的速度相當快，我們一下子就有了一千萬名的會員（在英國大約有兩千六百萬戶的家庭）❷，創造了堆積如山的資料，那是我一直夢寐以求的數據。然而，這首先也成了一個令人頭痛的問題。我們從來沒有確實體認到，如果要從如此眾多的數據中挖掘出有意義的資訊，實際處理時將會遇到的技術問題。因此，我們聘請了一對年輕的企業家夫婦，杭比（Clive Humby）和鄧恩（Edwina Dunn），他們剛開始成立一個開發數據的業務。鄧恩和杭比教我們如何分析數據，並讓分析的結果再創佳績（因為他們做得實在太成功了，所以我們最後買下了他們的公司「鄧恩杭比」〔DunnHumby〕，它是目前全世界成長最快的數據分析企業之一）。藉由他們的分析，讓我們如願以償地看到誰是我們的客戶、他們買了什麼、他們的購物習慣、他們何時購物等等。

首先，這意味著，我們可以看看某位史密斯先生（或太太，或碩士，或小姐）逐一購買了什麼。我們的團隊中有人發現，一位幫競爭對手做廣告的名人在特易購購物，甚至還建議我們向媒體透露這個事實。雖然這有可能給我們上一天頭條新聞的機會，用的還是競爭對手付出的代價，我對此卻顧慮重重。我擔心，短期的獲益，將不及長期的疼痛，因為必須不斷解釋我們如何保護顧客的個人資料。事實上，這個情節烙印在我的腦海，讓我深深覺得，我們必須讓每一位顧客安心，確保他們個人的消費習慣不會被洩漏出去，包括特易購內部的人員。

因此，在推出會員卡的短短幾個月內，我們便將數據資料匿名化；我們把史密斯太太的名字，從她買了雞肉、洗衣粉、咖啡、絞肉和洋蔥的紀錄中刪除，所以沒有人能看到她買了什麼。取而代之的做法是，我們根據消費者共同的特點加以分類，像是在哪家分店採買、買了什麼東西、什麼時間買的等等（這是發生在個人資料獲得法律保護之前很久的事，當時我們其實並沒有義務做到這一點）。因此，在推出會員卡的十六年期間，我們從未發生過洩漏數據隱私的問題，雖然我們仍然有機會提供少數團體所感興趣的資訊和市場反應。

原本，我們將顧客按照年齡階段分類，像是學生族群、年輕單身族，或是頗富裕的人士等等（透過他們的郵遞區號得知），來做出顧客購買行為的簡要分析資料。然而，我們漸漸發現，這種處理數據的方式相當表面化。我們及時改採真實的分類，發現效果更好。我們按照顧客購買的東西來定義，比較不再是「你吃什麼，你就是什麼」，而是「你買什麼，你就是什麼」。素食主義者、預算有限的人、偏好更精緻食物的人、速食及零食愛好者等等，這些只是我們使用的一些顧客分類類型，而且，隨著時間的進展，我們也察覺到一些細微的改變。豐富的數據資訊，令那些做業務一輩子的高層管理階層驚訝不已。在鄧恩杭比提出會員卡數據分析的那年年底，執行長麥克勞林感嘆道：「我在剛剛三十分鐘內對客戶的了解，遠勝過我過去三十年累積的經驗。」

當然，僅僅蒐集數據和了解更多的消費族群，並不代表就建立了忠誠度。忠誠度的建立，在於你對人的了解所做出的反應，以及反應的方式：很多微小事物，可能不代表有多少獨特的創建，但是整合在一起之後，讓特易購比其他零售商更加了解顧客的需求，並知道如何幫助他們。透過各類資訊的整合，行銷投資帶來的生產力，以加乘的倍數成長。行銷方面的投資，包含推出新的商店、招攬顧客、個別商品的推廣，以及捍衛我們的商店與產品不受競爭對手的威脅等等。生產力的倍數成長，大約是在三到十倍之間，依照不同特定類型的投資而有所不同。

例如，針對同一條街上競爭對手新開的店面，我們在捍衛自家商店時，會員卡制度就發揮了比傳統的促銷方式（例如現金抵用券）多了三倍的功能。藉由知道哪些客戶曾被競爭對手吸引，以及哪些因素有可能影響他們，我們就可以確保如何照顧這些顧客，並在他們光顧競爭對手的新店面後，鼓勵他們回來特易購消費。

因為我們現在知道他們喜歡買什麼，我們就可以針對這些商品，提供特別的促銷活動。不可避免的，當顧客看到他們經常購買的東西有促銷活動，要比看到不曾買或很少買的東西的促銷活動，來得更加吸引他們。而由於會員卡制度的成立，商品促銷的成果，足以是任一種優惠活動的十倍。顧客一旦看到他們還沒購買的相關產品有促銷價格，而同樣是會員的其他人都在買，就開始建立起了忠誠度。對於顧客永遠不會接受的替代商品，我們也可以確保一直擁有足夠的存貨，像是特定類型的果醬、有一定品牌的刮鬍刀等等。這些商品未必都賣得很好，但無論如何，它們對一些顧客很重要，它們的適用性同樣也造就了顧客的忠誠度。

這些見解，使得特易購得以與個別的顧客建立直接的關係。特易購每一季都會大量寄送郵件給顧客，這一直是我們與顧客溝通的核心。每位顧客都會收到他們的會員卡獎勵、針對特定商品的現金抵用券，以及其他我們認為該顧客會感興趣的資訊。每封郵件的內容都是獨特的，因此，我們準備的是數以千萬計的文件，包含了上億英鎊的回饋和產品優惠訊息。毫無疑問的，他們都滿心期待著，因為這些是少數會帶來金錢的郵件，而不是帳單。會員卡的發送，是產業促銷推廣的一大改革。傳統上，沒有針對性的促銷活動，其響應率幾乎不到一%，而針對會員卡設計的商品優惠，其響應率則達到了一〇%到三〇%，也就是十到三十倍。

另一項制度，是會員卡的獎勵制度，目的是為了建立顧客忠誠度，不過，這是以倒過來的方式進行。顧客必然也會去特易購以外的商店購買商品和服務，所以我們決定資助他們在那些地方消費。會員卡獎勵制度，就是允許顧客用別的方式使用我們回饋給他們的獎金，例如，去電影院看電影、或是上一堂青少年駕駛課程、安排度假行程，或到自己喜愛的餐廳用餐等等。由於持會員卡的顧客可以彌補這些休閒商店約三〇%的顧客數量，我們發現可以購買這些散裝的服務，然後把省下的錢回饋給會員。

會員卡的故事顯然仍在繼續。現在是在網路上和用手機消費，這兩個平台對自動掃描結帳特別有用。只要有特易購，就有會員卡，**幫助我們理解在全世界購物的差異，增加我們學習的速度，使我們能夠更快提供商品給顧客**。在中國，有六百七十萬名客戶有會員卡；在泰國，有五百二十萬；全世界大概有四千三百萬的人有特易購的會員卡。

現今已有許多會員卡制度，都是模仿特易購的制度，但成功持續的很少，對於公司命運產生實際改變的更少。讓特易購的會員卡如此成功的原因，在於**它改變了我們工作的方式**。忠誠度，以及從分析數據得到的見解，完全是我們一切行事準則的核心；這反映了我們是全心全意地花費所有時間在了解顧客上面，並確認這些數據的見解是我們採取所有重大決定的絕對核心。獲取數據，加以研究、質問，然後獲得敏銳的見解，這只是一半的任務；做決策時，把它放在心裡，念茲在茲，則是另一半的任務，也許是更重要的一半。

雖然我說的會員卡故事與零售業有關，但它給予我們的教導與啟發，幾乎可以適用於任何組織。會員卡的制度顯示，新穎的想法可以推翻現有的秩序，並奪下長期盤踞市場的領導優勢。每個組織都有客戶，例如購買商品的消費者，或幫小孩選擇學校的家長；現今的每個組織也都有數據。會員卡顯示了數據如何提供所有組織新的見解、幫助所有公司開闢競爭的新途徑，並克服一些弱點，例如比競爭對手缺乏規模、過時的企業聲譽，以及較低的獲利能力等等。然而，推出會員卡十五年後，我知道的組織中，只有一小部分已經開始研究潛在的數據資訊。由此可見，大多數的組織並沒有了解並發揮全部的潛力，很多還在持續猶疑當中。

最重要的是，會員卡教會我一個簡單的真理：**人都喜歡被感謝；如果他們感受到謝意，你就開始贏得他們的忠誠度**。這聽起來是很簡單的道理，但它的力量可以很深遠，關於這一點，相信我們的競爭對手已經發現他們的損失。

發現趨勢，建立忠誠度

會員卡成為我們成功的基石，而從中得到的數據，使業務蓬勃發展。然而，這些年來我才知道，原來堆積如山的數據，可以使經理人無視於人們在行為方式上長期而深刻的變化。之所以會如此，往往是因為這些變化，表面上似乎與他們特定的業務領域沒有任何關係。這些變化幾乎是在不知不覺中產生，最終誤導人們認為生活總是如此，或者剛好相反，讓他們認為事情怎麼可能默默地就發生了如此戲劇性的變化。要察覺這些變化，你必須能夠抵抗存在於每個組織內的壓力，那些壓力迫使你無視於或忽略自身以外的世界。你生活周遭的事情，例如發生在世界彼端的新聞故事，或是跟朋友在酒吧聊天等等，或許乍看之下，對你的工作和組織都無關緊要，但它也可能確切地反映出即將完全改變你的世界的趨勢。

這類深刻的社會變化，其中一個例子像是婦女出外工作（特別是有小孩的婦女），已經是每個發展中的經濟體制一再反覆發生的趨勢。在美國，從一九六〇至一九九〇年，已婚婦女工作的比例上升了大約二五％[3]（更戲劇性的是，有六歲以下兒童的已婚婦女，其工作比例從一九六〇年上升一九％，到一九九五年已上升至六四％）[4]。同樣的事情也發生在英國。在一九五〇年代初，不到四分之一的已婚婦女是職業婦女，但是到了一九九一年時，已婚的職業婦女已達一半的比例。[5]

商人及政治家，尤其是後者，很晚才體認到，這個趨勢會全面影響生活的各個層面。對於婦女是否應該留在家裡照顧孩子的爭論，致使大家忽略了這個對社會和行為影響甚鉅的變化。雙親都得外出工作、更多的單身族等等，這些對許多消費者和家庭來說，意味著一件事：財富增加，時間減少。同時，也有更多的輪班和彈性工作制，使得很多家庭難以找到共同的時間一起去購物。現今，談到「工作與生活平衡」，似乎是家常便飯，但這其實是經過很多年的爭辯才產生的意識，零售業者也是花了許多年才開始響應。特別的是，零售業者還花了很長的時間，才開始讓店面營業的時間加長。

對於英國世世代代來說，商店一般從早上八點營業到下午六點，星期日整天關閉，一星期當中也有半天是關店的（即使是全英國最大的連鎖百貨店路易斯〔John Lewis，創始於一八六四年〕，它的所有分店星期一整天公休）。一些大一點的商店，可能會在星期四或五營業到晚上八點。德國甚至限制得更嚴重，所有商店在星期六下午全部關店。⑦

這種做法，很難在一個世紀之內有所改變。它是基於一種核心家庭的觀念，也就是父親外出工作，母親則待在家裡，準備在商店開店時出門購物。有些營業時間的限制，則是基於長期不可置信的經濟觀念，認為消費者的需求大致上是固定的，而且，如果供應量增加（這裡是指商店營業時數增加），只會增加零售商的成本，並不會增加銷售量。**特易購是第一個響應社會變化習慣的業者之一**。我們從一九八〇年代開始，星期一到星期五的營業時間就已延長到晚上十點，接著再加長星期六的營業時間。這兩項措施都很受到客戶的歡迎，特別是延長星期六的購物時間。營業額增加了。我們真正為消費者帶來了好處，這也意味著我們贏得了他們的忠誠度。

各市的市議會並不相信這些好處，大都限制我們的營業時間，他們認為自己非常了解英國家庭及市民的需求。當時還是年輕研究員的我，一直很想知道他們是如何蒐集這些「知識」

⑦譯註：後來慢慢改變，從延長到下午兩點（冬令時間）、四點（夏令時間），到晚上八點；星期日仍維持整天不營業。

的，但我從來沒找到原因。他們似乎是因為有一些消費者抱怨，以及將大多數從沒被徵詢過意見的消費者解讀為漠不關心，才做出這個決定。

對於每個市政單位，我們可以個別處理，但牽涉到星期日的營業問題，就不是這麼簡單了。根據一九五〇年的商店法❻規定，星期日是禁止營業的。對零售商和消費者來說，延長營業時間對現代忙碌的家庭是有幫助的，所以，星期日應該照常營業，似乎是完全合乎邏輯的。然而，有兩個論點依然爭執不下。首先，星期日很特殊，那天有宗教儀式。第二，星期日應該是一個家庭日，全家休息的日子，因此，所有人，尤其是婦女，不應該被鼓勵到商店購物，或是被迫去工作。國會很多議員與英國的「當權派」都強烈持有這個核心信仰，他們無法認同購物並不會對社會的一些傳統造成任何威脅的看法。

然而，我們有證據可以證明這一點。蘇格蘭有它自己的法律制度，從來沒有禁止星期日營業。因此，這顯示在北部邊境，購物對大部分人來說是一個現代化的消遣，而那也正是他們在休息的日子想做的種種事情之一。至於喜歡在星期日工作的人員：我們只選用志願者（其中有很多），並給付較高的薪資，他們也都為此表示感謝。有位女士被問到，在星期日工作是否會剝奪她與丈夫相處的時間？她簡潔地回答：「您的意思是說，當他去夜店消遙快活時，我卻得在爐子邊累死累活嗎？我寧願有足夠的錢。」

因此，我們很努力爭取星期日營業，因為我們知道顧客和員工都這麼期盼，這是建立他們忠誠度的方式之一。後來成功了。不過，如果沒有「商店雇員工會」後來的支持，恐怕就不會成功。他們向來堅持反對星期日開放營業，並遊說國會議員支持他們的立場。他們的意圖是發自內心的真誠：他們相信自己是為工會成員的最佳利益而努力。然而，根據我們的經驗，蘇格蘭在星期日營業這一點，就足以向他們表明，他們並不須對星期日開放營業顧慮重重。工作人員也告訴他們，星期日營業非常有益處，他們非常享受在星期日工作的機會。

「商店雇員工會」永恆的功勞是，就這個議題上，他們後來在國家強烈的政治辯論中，半途改變了立場，轉而支持星期日開放營業。要坦承「我錯了」一直是件很困難的事，而在國家的舞台上認錯，更是加倍的困難，尤其是在這樣一個時代，從事政治辯論時坦承犯錯一向被視為是軟弱的象徵。總之，結果是，經由立法准許了商店在星期日開業。這是一個巨大的成功：以每小時的銷售額計算，星期日是一個星期中業務最繁忙的一天，並且隨著時間的進展，世界各地其他許多國家也跟隨我們的腳步。

特易購更進一步做到的是，為了那些輪班工作以至於購物特別有困難的顧客著想，我們找出了一種方式，讓我們大部分的店面每天可以營業二十四小時。事實上，我們的商店早就已經是二十四小時運作，因為清潔和存貨盤點工作都是在晚上店面關門以後進行的。所以，我們做了很多巧妙的重新安排，使我們能夠妥善準備好隔天顧客要採購的商品。例如，在開放二十四小時購物之前，我們整家店的進貨一直是一氣呵成。我們改變了這個方式，一次只補足店裡一個區位的商品，以盡量減少對客戶的影響。店面二十四小時始終開放，提供了顧客完善的服務：試想，你可能臨時需要為哭泣的嬰兒買退燒藥，或者只是想找個地方可以帶著一夜不睡的寶寶晃一晃；上完夜班之後，能夠在回家的路上購買食物；從機場返家時，或在齋戒月[8]期間的日落之後，可以買些糧食屯積起來。如今，大家視一切為理所當然，就像理所當然就能夠在網上購物，或是在任何時間轉帳匯款等。零售業在這方面的經驗，可說是為世界的電子商務鋪平了道路，並使之成為消費者的不夜城。我很懷疑，如果不是零售這個行業率先學到了這個經驗與教訓，電子商務是否會發展得如此之好、如此之快？這個經驗就是，**你必須隨時為可能適合顧客的商業模式準備好，而不是等待它適合你**。

貫穿開放營業時間這整個發展故事的共同想法，並不只是「改變，以反映顧客的願望」而已，它蘊含的意義更為深刻。唯有藉由像顧客那般思考，並了解他們的感受，才可能開始贏得他們的忠誠度。你的目標並不單單是改變他們的消費習慣，而是要加強他們與你的企業之間關鍵且深厚、長遠的感情，締造持久的價值。這表示要深入且透徹地了解他們，觀察他們的行為及方式。

今天，大多數的經理人會說，他們都有傾聽那些購買或使用他們服務的顧客的意見。他們很可能有這樣做，但是，他們有根據所學習到的事情去行動嗎？還是只是形式上做做樣子？我不能說特易購做得很完美，但我總是不斷提醒同事，我們必須根據顧客的意見和行為做為決策的依據。大多數公司都只是表面上聲稱自己是「以顧客為中心」。不過，至少現在他們都在嘗試真正做到這一點。

同樣的情況也出現在大部分地區的公部門，也就是納稅人資助的組織。當然，公部門與私部門在許多方面都不一樣。公共機構往往缺乏私營公司與企業中明確的責任歸屬：公職人員必須與政治人物、監管者、工會、文職官員、媒體，以及通常在基層的大量公民的競爭性談判議程相抗衡。長期計畫的能力，往往會受到選舉週期的限制：也就是說，當一個新政府或議會選舉誕生時，一項擬訂的策略，可能在一夕之間就完全逆轉。私營公司可以在股市上籌集資金，以支付新的投資，或是減少某個地區的活動，來支付另外的活動，像是跟公部門爭取「額外資源」，需要時間和政治詭計。如果公司贏得更多的客戶，就可以投資和發展；相較之下，良好的學校和醫院，就沒有得到應有的回報，像是吸引更多的學生和病患（不過，公平地說，這種情況正在改變）。之所以會如此，主要是（公部門）認為學生家長和病患不知道什麼最適合自己，因此不應真正獲得資源分配的機會，就跟私部門的顧客狀況一樣。

在公共部門，如果沒有市場的存在，管理者很難去發現市民認為應有的服務是什麼。許多公共機構可能會透過議案「諮詢」或向公民做「民意調查」敷衍了事，但他們是真正在「傳達」：告訴他們的工作人員應該做什麼，卻無須考慮太多有關用戶認為或希望什麼的需求。當然，規則中總有例外：英國的地方政府機構愈來愈意識到市民的意見、需求和行為。這也許是因為相較於國家政府，地方政府可以集中心力，提供較少區域的選民較少數量的服務。然而，

⑧譯註：伊斯蘭曆法中一個很重要的時節，期間每天從日出到日落停止進食、飲水與抽菸等等。

有多少公營機構，日復一日地嘗試將公民的需求，擺在他們任何措施的首要位置？

如果是當地新的學校或醫院，地方政府就應該詢問教師和家長，或者護士和患者，看他們會如何看待和挑戰地方政府，建議省錢的方式又是什麼。如果是有關一個城市醫療保健的新策略，就應該詢問患者，什麼對他們才是最重要的。如果是關於新的公共服務開放時間，就應該詢問市民，什麼時間對他們最方便。這些是應該滲透到公部門的正確心態和市民心中關注的事實，是政府用了他們繳納的稅金，所以應該讓市民更了解這些錢是怎麼花的，都花到哪兒去了。這樣，各地方政府和納稅人的錢才花得更有價值。

要把公民擺在首位，首先必須做的，就是改變文化和組織的結構，使公民是真正坐在駕駛座上的人。我相信，如果市民都能獲得正確的資訊，以及實際做選擇的能力，他們就有能力為孩子選擇合適的學校，或想要就醫的醫院。這種做法，毫無疑問的，會激怒那些既得利益者。因為這明顯表示必須建立新的流程與方式，以及進行根本的結構性變化。一旦被告知市民想要的是「X」，地方政府就必須提供「X」，不能找藉口推托，或是缺乏彈性。就是必須這樣做。

有些人指責我對顧客的專注是強迫性的，甚至是狂熱的。我承認。因為只有這樣，你才能充分理解他們，贏得他們的忠誠度；你必須透過做一些小事情來表達對他們的關心。而且，信任你的顧客會讓你勇氣大增，為大膽的目標戮力以赴。

參考書目

❶ 出自《零售業的新規則》（*The New Rules of Retail*），李維斯（Robin Lewis）、達特（Michael Dart）合著，Palgrave Macmillian出版，二〇一〇年，見51頁與53頁。

❷ 請見http://www.ons.gov.uk/ons/rel/family-demography/families-and-households/2011/stb-families-households.html

❸ 請見http://research.stlouisfed.org/publications/review/08/01/DiCecio.pdf

❹ 請見http://www.irp.wisc.edu/publications/focus/pdfs/foc201.pdf 第5頁。

❺ 出自《婦女與就業：生活改變與新挑戰》（*Women and Employment: Changing Lives and New Challenges*），史考特（Jacqueline L Scott）著，第160頁。

❻ 請見http://www.legislation.gov.uk/ukpga/Geo6/14/28/contents

| 第三章 |

勇氣

好的策略，必須大膽和勇敢。

人需要被激勵，因為他們實際上可以做到比想像中還多的事情。目標必須能引起興奮感，或許還帶一點點的恐懼。最重要的是，目標必須有啓發性，提供組織做選擇：看是要擁有這些偉大的野心，還是要維持原狀。

談到勇氣，通常讓人聯想到戰爭或是疾病，例如戰火下的英雄壯舉，或是罹患絕症時的堅毅抵抗。也就是說，死亡通常在不遠處。

因此，勇氣通常並不是個會令人聯想到商業或任何組織經營的詞語。坐在會議室開會的男士和女士、銷售商品和服務，或是處理事情，你並不會經常將這些事與勇敢做聯想。

然而，雖然我們可能認為，身體的英勇行為才是勇氣的標誌，但對我來說，勇氣實際上卻是蘊含心理、精神和道德層面。**面對未知的風險和敵對的局面，勇氣，意味著你能就事實和價值的依據，確定你是對的**。無論是腦和心，理智和情感，你都很肯定自己正在做正確的事情。如果你有把握，那麼，你可以實現的可能性是無限的。相反的，如果沒有這樣的勇氣，你對組織所有的雄心壯志，以及替世人的生活創造持久影響的所有善意，就會崩塌瓦解。

斯利姆子爵對於「道德勇氣」，有非常優雅的見解。他相信，很少人天生就擁有它，所以人必須被教育。大多數人在年少時，會從父母、老師或教堂那兒學習到道德勇氣，如果當時沒有學到，斯利姆認為，到了成年，在某些情況下，就必須經歷「一些情感上的明顯重擊，一種會讓他突然感到失敗的經驗」。

我不會形容自己是天生的勇者，事實上，我很害羞、謹慎。我只有在很確認結果與評估風險之後，才會展開行動。但我承認，我會因為恐懼失敗、希望實現目標，並繼續成功，而驅使自己行動。**經歷失敗，並持續追求大膽的目標**，這可以說是勇氣的一種表現。

當我在一九九七年二月成為特易購的執行長時，我們缺乏明確的總體目標當做長期核心目的。會員卡所有的數據，以及所有的研究，都清楚告訴我們，消費者希望立即擁有什麼：那就是便利性，也就是同時販售食品和其他商品（書籍、電子產品、衣服等等，零售商稱之為「非食品」）的商店。我們必須響應顧客的需求，以及同時出現在全英國和全球各地更大的消費趨勢。

例如，技術的融合：雖然手機和網際網路仍處在起步階段，但很明顯的，它們將改變大眾的生活方式（這部分我之後還會談到）。我們知道，在英國的零售業，如果要長期繁榮昌盛，不但要在我們的主場擊敗美國的龍頭巨業沃爾瑪（他們在一九九六年將目光鎖定了我們的市場），也必須增長業務。這意味著進入新的領域，例如金融服務和電信業，但對於像特易購這樣的「連鎖超市」來說，在傳統上這些是被禁止涉獵的。我們意識到，別人在海外失敗的地方，是我們必須成功的地方；而除了在歐洲建立有利可圖、長期的業務之外，我們很可能還要進一步超越。

在我成為執行長之前，這些趨勢和挑戰已縈繞在我腦海好幾個月。有一回在候機前往愛爾蘭時，突然靈光乍現，我想到我們必須具備的策略，便把它寫在日誌本的背面。如果要把我為特易購設定的目標稱做「勇敢」，這聽起來可能有點太得意忘形了，尤其當時那些目標還被很多人視為太過天真。是的，會員卡制度是我值得自豪的卓越成就，但現在我想讓事情更上一層樓。當我宣布我們接下來的計畫時，大家感到既驚嚇又懷疑，因為這是我設定要達成的目標。

首先，我要我們成為英國消費者的第一選擇。當時，我們還排在馬莎百貨的後面，才剛剛超越桑斯博里超市。大多數觀察家認為，我們的領先優勢只是暫時的，特別是因為沃爾瑪也在競食這塊市場大餅。

第二，我希望我們在非食品類產品的銷售表現，也跟我們在食品的銷售表現一樣強勁。原因是，當時我們的非食品銷售，只占整體銷售額的三%而已。所以，這是雄心勃勃的大志。

第三，我想發展一個可以創造利潤的零售服務業務（例如金融或電信業）。在一九九六年，特易購尚未提供這樣的服務。

最後，我希望我們在國際上的發展，就跟在英國國內一樣強大，在海外也能跟在國內一樣有那麼多的零售商店。當時，我們在海外的店面還不到總數的一%（我們在隔年開始拓展）。

在英國經典電視喜劇《遵命，大臣》（*Yes Minister*）中，資深的文職公務員漢弗萊爵士（Sir Humphrey）曾說，要說服一名政府首長相信他們建議採取的行動是不明智的，最好的辦法，就是用「勇敢」來形容他們的決定。我在想，漢弗萊或許也會對我設定的目標說相同的話。

然而，現實的情況是，**好的策略必須大膽和勇敢**。人需要被激勵，因為他們實際上可以做到比想像中還多的事情。目標必須能引起興奮感，或許還帶有一點點的恐懼。最重要的是，目標必須有啟發性，提供組織做選擇：看是要擁有這些偉大的野心，還是要維持現狀：精緻，但渺小；原地踏步，毫無新意；只是歷史的一部分，而非創造歷史；同在世人的生活之流，而不是去改善他們的生活。

大膽的野心，通常需要很大的變化。變化，將產生抵抗，而那正能測試領導者的能力與意志。費舍爾（John Fisher，一八四一—一九二〇）是英國海軍史上最偉大的改革者。除了其他的建設外，他負責建造的無畏戰艦①，改變了第一次世界大戰前的海戰。費舍爾大膽的目標，與他迫不及待的行動力，以及不屈不撓的精神相匹配。「為了得到一支有戰鬥力的海軍，我們的改革必須無情、無情、再無情」。他寫道，「停滯不前，是生命的詛咒。」「瘋狂的事，讓人成功。」「巨大的風險，帶來偉大的成功。」他不會讓任何人阻撓他，當時甚至還得由國王親自下令指示他星期日停止工作。他最喜歡的一篇文章，是聖保羅腓立比書信中的這段內容：「我做的事，就是忘記背後的事物，努力向前，奮力向著標竿前進。」❶

這種毫不懈怠的精神與力量，以及「多」永遠都不夠多的意識，是辛勤工作中值得被感謝及欣賞的力量。他單純地體認到，如果想繼續成長，就必須持續為大家設立更崇高的目標。這就好比你爬上了一座山，然後說：「到了，就讓我們停在這裡欣賞吧。」這是絕對不夠的，你必須尋找下一座更高的山峰，然後征服它。當特易購成為英國最成功的零售商時，我們大可以說這樣就夠好了，然後休息等著吃老本，就像馬莎百貨和桑斯博里超市一樣。但是我們沒有。同樣的，當日本東京通信工業電器製造公司（Tokyo Tsushin Kogyo）在一九五〇年代中

① 譯註：Dreadnought，二十世紀初期英國所建當時世界上最大、最強的戰艦。

後期奠定成功的基礎時，其聯合創始人盛田昭夫藉由改變公司的名稱，也就是後來眾所周知的Sony，加大了賭注。他說：「我清楚意識到，如果我們不把目光投向國外市場的行銷業務，我們也不會成長為勝井深大②和我所預想的那種公司。」❷

在我就任執行長時，奮力向前，是特易購唯一的選擇。我意識到，如果我們停滯不前，將進入一個晦暗時期，只能在英國境內掙扎求生。另一種選擇，則是勇敢去做非凡的事，例如拓展海外市場或進入新的市場。無論是貿易或任何人類其他領域的活動，勇於嘗試任何大膽的領域或事物，總是會引起焦慮和恐懼。人類自從開始貿易，平靜生活的誘惑就已經存在。十四世紀，義大利普拉托省（Prato）的托斯卡尼小鎮，有位叫達提尼（Francesco Datini）③的商人，接到他焦躁不安的業務夥伴寄來的一封信：

> 弗朗西斯，我聽說你要開創一個新的企業。在上帝面前，我求求你，睜開你的眼睛好好看看你在做什麼！你很富有，過得也很輕鬆，你已經不再是個男孩，不須做那麼多了。你知道，我們都是凡人，做很多事情的人，無疑將會遇到災難……想像一下，迪尼（Donato Dini）會做何感想？他現在已經年過七旬，而且就是因為他一直嘗試做很多事，結果破產了，最後他每一里拉④的錢，只剩下五個索爾多⑤的價值而已！❸

這真是太熟悉不過的話了，把它翻譯成今天的行話，這就是一個會被金融分析師淘汰的典型案例。在這個例子中你可以看到，公司的高層團隊太老了，所以無法嘗試建立新的合資企業；他們認為已經做得太多了，至今已經做得很好了，然後看著其他做相同事情的人會發生什麼事。建議：賣出股票（順帶一提：後來達提尼忽略那段警告的話，在義大利比薩〔Pisa〕成立了新的業務，然後到佛羅倫斯、熱那亞，之後還到了西班牙及巴利阿里群島〔Balearic Islands〕。至於他在法國亞維農〔Avignon〕的生意，以及他在黑海港口和巴爾幹半島的國際業務的貿易，就更不用說了，這些都不是什麼新鮮事）。

所以我決定制定一個雄心勃勃的策略目標，並與大家達成共識不會改變。從那一刻起，我們知道自己想要達到的目標是什麼。事實上，因為很確信，所以我們縮小了戰略業務單位。策略應來自任何組織的最高層，一旦設定，就不應該再變更。領導者如果只仰賴戰略業務單位，等於是放棄自身的責任。一家組織如果有一堆「策略家」，無疑是在對世界發出這個明確的信

---

② 譯註：Sony的另一位創辦人。

③ 譯註：義大利國際商人和銀行家，其業務及私人文件被保存在普拉托省，那些是構成中世紀經濟史中最重要的檔案之一。

④ 譯註：義大利從一八六一至二〇〇二年加入歐盟前所使用的幣制。

⑤ 譯註：中世紀的金幣。

號：我們不清楚自己未來的方向。

我們把精力放在告訴團隊預定即將實現的部分，以及他們在這趟征途中必須發揮的地方。我們努力確保每個人都理解我們的策略，以及他們要扮演的角色。這麼做，幫助我們快速成長。隨之而來的是多年的激烈變革、創新以及犯錯。在設定如此大膽的目標時，我們知道必須冒險，也知道可能會在達成目標的過程中經歷一些失敗。

失敗，是個會引發恐懼的字詞。當然，失敗是可怕的，但我們必須面對它。成功不可能不經歷失敗。也許有人不害怕失敗；而那些明知道恐懼，但仍不顧一切積極奮鬥的人，是勇敢的人。

我跟大家一樣，有時也會受到失敗的恐懼困擾。那是我早年在特易購工作的時候，毫不誇張地說，我根本無法擔待得起失去工作。然而，這種恐懼總是被其他的情緒超越：首先，是希望把事情做好的熱情驅動著我；接著，是希望把特易購改造成一個世界級的企業，同時也了解，要能確實實踐這個目標，我們必須承擔風險和遭受挫折。最壞的情況會是什麼？浪費了精力和金錢，以及有些人會覺得很不好意思，僅此而已。現在，只要想到不創新的後果、不去探索未知的領域、不去嘗試新的東西，真的就什麼都不會改變。你就不會嘗試讓過程更有效率，不會嘗試做出一些有可能創造更多業務價值的新東西。我並不是建議企業貿然地開發未知的領域。冒任何風險之前，你必須準備好完整的計畫，並採取預防措施。風險愈大，你採取的預防措施就要愈周全。反過來看，通常什麼都不做，往往是最大的風險。

許多明智的領導者已經領略過，失敗可以帶來值得記取的關鍵教訓。義大利經濟學家和哲學家帕累托（Vilfredo Pareto）⑥就是其中之一。他曾說：「隨時給我一個會帶來成效的錯誤，裡面充滿種子，這樣我才能真正的自我更正。」著名的股市投資者巴菲特（Warren Buffet）也是其中之一，他用不那麼華麗的文藻說，我們應該「開始失敗，然後設法一一排除導致失敗的因素。」❹

日本豐田汽車公司在二次大戰後記住了這個道理（之後我會再談到）。傳統上，只有管理樓層的經理人，可以暫停汽車生產線來糾正嚴重的錯誤（和相關工人的嚴重問題）：造成的結果是，許多生產出來的汽車都有瑕疵，以致下了生產線後都還必須修繕一番。大野耐一（日本商人，被認為是豐田生產系統之父）徹底改變了這個現象；任何工人只要犯了一個錯誤，或發現任何的故障，都有權利停止生產線的運作。發生這樣的事情時，整個團隊都會過來查看，並共同解決問題。對他們來說，沒有任何錯誤會被當成一個單一偶發的事件，每個問題都會被視為必須徹底排除的重要系統失誤。大野耐一發明了「五個為什麼？」來探詢每個故障的原因，

⑥譯註：一八四八－一九二三，社會學家，對社會學和倫理學有很重要的貢獻，特別是在收入分配的研究和個人選擇的分析上。他是經典精英理論的創始人，以及社會系統論的代表人物，提出帕累托最優的概念，並用無異曲線幫助個體經濟學領域的發展，其理論影響了墨索里尼和義大利法西斯主義的發展。此外，帕累托因對義大利二〇％的人口擁有八〇％的財產的觀察而著名，後來被概括為帕累托法則，即著名的80／20法則。

直到最終已統統被確認並修復為止。❺起初，這種做法意味著生產線會經常中途停止，影響生產。但假以時日，正因為該公司記取了失敗教訓，不再那麼頻繁停工，汽車的品質也提高了。

這顯示從失敗中學習的動力，也證實了公司賦予各個員工責任，以及監督他們作業的重要性。一旦為組織設定了強硬、嚴格的目標，每個人勢必會覺得被授權去做任何符合要求的必要任務，迎接挑戰。他們會承擔風險，因此不可避免的，有時也可能會做錯事情。

擁有志存高遠、從錯誤中學習，並帶領團隊的勇氣，並非、也不應該只是大公司的特權；它也不是或不該局限於私部門。它可以在任何地方實現，包括各種規模和目標的企業和組織。我個人就有追求許多不同領域大膽目標的直接經驗。在商業領域，例如決定讓特易購在美國呈現新的店面樣貌，以及在英國不只是提供商品，而是服務。在公共領域，我一直都在參與家鄉利物浦的再生。這些是完全不同的目標、組織和壓力，但都需要一定程度的勇氣。

勇於開拓新領域

藉由定義見義勇為的行為或大膽的目標，將帶你進入未知的領域，並超越組職為自己設定的安全範圍。身為執行長，你像是在賭這個事業有辦法做到超出預期的程度、賭你知道極限會在哪裡，以及在它停止之前能極力讓它進展到哪個程度。

我做的其中一個決定，是在美國創建新的特易購連鎖超市，取名為「鮮易購」（Fresh and Easy）。至今仍有人覺得這個決定輕率了些。懷疑論者認為，特易購將業務拓廣至非食品類、金融服務、歐洲和亞洲的擴張戰略，已經是非常雄心勃勃的計畫了；況且，眾所周知，英國公司要跨進美國的市場很困難；還有，「鮮易購」的模式，完全是前所未有的嘗試。

的確有很多足以為戒的故事，讓英國人不敢在美國設立商店，特別是零售商。但是，想要進入他們市場的誘惑是可以理解的，畢竟，我們英國人覺得兩國的語言與文化是相同的，也接觸到許多在英國投資的美國品牌和企業，例如福特、麥當勞、可口可樂、蘋果電腦、瑪爾斯公司（Mars）⑦、家樂氏（Kellogg）、波音公司，吉列公司（Gillette）。因此，英國人很容易自我欺騙，認為「池塘」另一邊的生活並沒有太大的不同，所以在那裡競爭不至於那麼困難。但問題就在於此。這些明顯的相似性，使很多公司忽視眾多的差異性。例如，英國的米德蘭銀行（Midland Bank）⑧收購加州的美國國安銀行（Crocker National Bank）⑨，以及英國桑斯博里超市購買美國蕭氏超市（Shaw's Supermarket）等。英國購買美國企業的名單有一長串，他們以為這會是讓他們成功進入美國市場的跳板，結果卻遺憾地發現，那邊的公司及市場與英國大不同。

這些失敗，不代表他們未曾研究過美國市場。一代又一代，英國的零售商都爭先恐後企

---

⑦ 譯註：全球最大的巧克力和糖果商之一。

⑧ 譯註：曾是英國四大銀行集團之一，一九九二年被滙豐全面收購，一九九九年改稱為英國滙豐銀行。

⑨ 譯註：也譯為克羅克國民銀行。

圖擠進美國這個世界消費文化的中心。美國有全球第一家自助式超市，店名聽起來有點不可思議：小豬扭扭（Piggly Wiggly）[6]。讓顧客自己推手推車，選取要購買的商品，這種自助購物方式及服務效率，被一些人視為二次大戰以來最大的突破（小豬扭扭一定是個特別有創意的地方，因為他們對自助服務實際上有兩個概念，自助式超市是其中之一，另外則是坐在超市內任何休息區的顧客，都可以藉由超市的產品輸送帶買到商品。然而，英國的成功，一直是汲取美國的經驗，然後運用在英國國內，並非倒著過來。例如，一九四〇年代，特易購創始人寇恩拜訪這些閃亮亮、像宮殿般的新商店，在戰後糧食配給剛結束的晦暗英國，對科恩來說，這些商店看起來都像是天堂。

> 像閃閃發光的宮殿，明亮、寬敞、乾淨。其中最令人印象深刻的，是貨物的包裝發展。新材料、全新的設計、明亮的標籤、明顯的價格標註，還有，婦女不僅提著籃子，還推著手推車。這是零售業的烏托邦……收銀機的聲音，對任何交易者來說，都像是美妙的音樂。[7]

毫不意外的，他把自助式超市的模式帶回英國。「這將是消費者革命的開始」，他後來說道，「當其他競爭對手還在猶豫，而我們願意投身到自助式超市時，證明了在經過多年由商家支配商品[10]的蕭條歲月後，我們建立起倡導維護消費者權益的信譽。」

英國零售商對美國同業的景仰程度，反映在以下這個事實：我以一個卑微的市場行銷實習生身分加入特易購，僅僅四年之後，連我都被送去美國朝聖，視察那裡的奇蹟，並汲取那邊零售業的經驗。我一個星期的參訪費用，就超過我一年所賺的薪資，所以我感到責任重大，必須努力學習，縱橫整個美國，參訪當時所有最重要的零售商。我感到非常驚喜：一九八〇年代初的美國，與被經濟衰退蹂躪的英國相比，簡直就是魚米之鄉（我在美國加州的拉霍亞〔La Jolla〕玩了一個下午的風帆衝浪之後，甚至考慮移民）。這趟參訪後不久，我們與美國一些連鎖超市組成一個合作研究小組，而且多年來我們一直都有互訪行動。我們學會了用美國人的角度看美國的市場，而美國人也提供他們對英國市場的批評與指教。

就像很多英國公司一樣，特易購對美國的興趣，根基於這個假設：我們在國外投資的第一家公司，將會是在美國。多年來的參訪，漸漸變得不像是在研究，而是收購。我們緊盯著許多目標，當特易購變得愈來愈大、愈來愈強壯，這些目標逐漸在我們的掌握之中。但是，我們從來沒有收購任何公司。相反的，特易購開始在國際上擴張業務，進軍到一些競爭不那麼激烈的國家，例如韓國、馬來西亞和土耳其等新興市場。儘管這些國家不熟悉英國的連鎖超市，但我們認為，我們的專業知識可以對他們產生比對美國市場更大的影響。我們從中學到了重要的經

⑩ 譯註：指以往消費者只能買到雜貨店有賣的商品，也就是商家決定銷售的商品，如今有了自助式超市後，消費者便可以自由選購。

驗：要尋找不同的文化，而不是相似性，以及必須制定零售策略來應付這些差異性。我們在這些國家的經驗，改變了看待美國市場的方式。我們本能地知道，與其錯誤地致力於明顯的相似性，反而應該把美國看成是外國，然後開始尋找其中的差異性。

在那時，也就是一九九〇年代中期，美國的超市業開始老化。在食品零售業，當你要尋找創新的公司，美國已不再是你直覺認為首當其衝的地方（雖然美國沃爾瑪仍然是主要的零售商，但它賣的並不是食物，而是一般商品）。每當我看著一間公司，我總是自問，我擁有它會比較快樂呢？還是與之同台競技？我當上執行長時，特易購已經發展到這個程度：我們認為直接競爭可能是更好的策略，而不是收購美國任何一家零售超市。

我們並沒有貿然地衝進擁擠、競爭激烈的市場，相反的，我們花了漫長的時間，並費神地觀察各種可能的機會。漸漸的，有些市場的功能特徵開始出現，我們認為可以加以利用。首先，沃爾瑪的崛起，重點在於增加提供低廉的商品，品質相對略為差一些。利基型企業（Nicher players），例如全食物市場（Whole Foods Market）[11]的開發，填補了品質上的差距，但他們的售價相對也比較高。其次，廣袤的美洲大陸，構成了新鮮食品配送真正的後勤挑戰。原因是長遠的距離，再加上透過許多零售網點運送貨物的問題，以至於多年來食品往往經過相當昂貴的加工和防腐處理。第三，「大盒子」零售業（'big box' retailing，超級購物中心和零售公園）運用廉價土地、廉價汽油和低營運成本的基本概念，取得巨大的成功，這意味著，當地鄰里社區的零售業，多年來並沒有真正吸引到投資者，或做任何的創新改革。相較之下，我們在其他所有市場的操作上，便利性顯然是市場成長最快的一部分。

因此，很單純的，我們決定把重點放在創建新型態的商店。美國當然不需要另一家連鎖超市；有人估計，美國的人均零售空間是英國的八倍（相對於英國，美國幅員廣闊，而且規模與發展較少，所以很容易開發新的零售空間）。然而，儘管市場已顯擁擠，我們還是覺得有可能創造新的模式，提供不同的消費空間及型態。如果你能證明你多麼努力使顧客生活得更好，多麼費力比競爭對手服務得更好，消費者將永遠向你購物。顧客確實會換到別家店採購，但是如果你做得對，你可以快速達到成功。美國的小鎮大街上有好多例子足以證明這一點：像是好市多（Costco），有機超市Trader Joe's⑫、沃爾瑪，全食物超市等等，全都快速成長，挑戰了傳統超市。

問題是，我們能夠開發一種新模式的商店，提供不同組合的價格與品質，像是擁有沃爾瑪的低價，但也具有全食物超市的高品質嗎？我們能提供更新鮮、更天然的食品，不含人工添加劑、調味劑和防腐劑嗎？我們能夠在當地的鄰里社區提供這樣具備便利性、方便居民到達及採購的商店嗎？

---

⑪譯註：一家食品連鎖超市，強調販售天然和有機產品。

⑫譯註：美國一家標榜天然、環保、平價的連鎖超市，創立於一九六〇年代。如今分店遍布美國三十餘州，以加州最多。

要實現這一切，將是一個艱鉅的任務，但我們相信，唯有做到如此，才能夠真正吸引客戶，才是食品零售業真正的創新之舉，才會被大家認定是新穎、獨樹一幟的，而不是多了一家與其他超市一模一樣的零售店。這類便利超市的利基，很明顯的，並不在於囤積所有的商品、迎合所有人的需求。但如果價格和品質的結合是正確的，如果它能夠橫掃整個市場，吸引各種收入、各年齡層的族群，以及各個種族的消費者，這將不會是個小市場，而是很大的利基市場；同時，在美國這樣浩瀚如海的市場中，這個利基其實可以讓你做到非常大的業務。

特易購在其他地方的經驗，加強了我們的勇氣。雖然我們發想及設計的模式，在美國將是獨一無二的，但我們確信可以發揮出優勢。新鮮、自然、無添加劑的食物，加上出貨迅速，這代表你必須有專門的生產與供應基地，以及控制精準的物流時間，而我們有足夠的經驗，可以在人口密集的英國建設這樣的系統。我們也有委任廠商生產自有品牌新鮮烹製食品的經驗，而且也知道如何經營較小的商店，像在地鐵站，特別是特快專賣店（Express stores），都有高利潤的收入。同時，我們在世界各地的各個市場都迅速成長中。

當然，這個經營模式必須從任一端到另一端都是高效率的，像是從農場、工廠，一直到商店的倉庫中心，所有都必須是一個單一、高反應度、目標導向的系統。所有產品都必須準時生產，準時交付，然後分類好，準時上架。店裡可能沒有多餘的複合式功能的裝飾，像咖啡廳、酒吧、服務台或一望無際的品牌。像這樣緊密地運作和簡化的企業，需要個性化定制的功能：配送中心，專門的供應基地及廠商，獨特的補貨系統和自有廚房，這些必須靠近中央配送倉庫，並生產商店出售之所有商品的三〇%，例如果汁、沙拉、熟食、肉類和農產品等等。前段投資將花費上億美元。單單第一階段，就涉及建立多達四百家的連鎖分店，而且我們必須盡快推出，迅速達到損益平衡點。

商店本身的規模必須小（包含倉庫約一萬五千平方英呎（約四百一十八坪）），這樣才能適當地坐落於附近居民較多的地方。其規模是指提供的商品種類必須減少到四千種，像是一些知名品牌，但主要是我們自己的品牌，這樣就足以供應顧客每週的採購需求。這些商店都有自助服務的結帳櫃檯，必要時也有工作人員可以協助。這樣做當然省錢。但我們也發現，使用自助服務結帳的顧客，對於我們隨時有工作人員會自動自發提供協助，感到不勝感激。

所有這一切都必須在創始初期就開始設計。我們一步步研究與顧客相關的一切，然後把所學放入設計理念中。我們甚至讓工作人員住進顧客的家一段時間，好了解他們的購物模式和需求。接受我們這種要求的家庭，真的是令人難以置信的和善，才能夠忍受我們這樣侵犯他們的家庭生活，而且他們提供我們參考的見解，真的是無價之寶。之後，我們建立了一家完整的原型商店，並邀請顧客進來逛一逛，看看商店內的東西，然後告訴我們，他們喜歡或不喜歡。這一切都發生在我們決定正式在美國推出之前，也就是說必須祕密進行：我們在洛杉磯一個工業區的倉庫內設立了專賣店，推出大量的設備和產品。那自然引起不少地方人士的好奇：「你們是什麼人？在那裡做什麼？」我們的團隊不停地被問到。「我們正在拍一部電影」，我們這麼回答，顯然讓洛杉磯的居民感覺完全合理。

顧客的回饋，非常令人鼓舞：他們注意到、並喜歡我們提供的低價格產品，以及乾淨、簡潔的布置。我們蒐集了大量的資訊加以研究，盡可能客觀地設想商店的模式，來測試它是否真的符合我們的理念。

顯然，品牌的意義，必須比連鎖商店分布的多寡價值更大。一個品牌必須有個性，如此，顧客才能感到與之連結。我的行銷總監梅森（Tim Mason）移居美國，成為「鮮易購」方案的執行長，他也是創造「鮮易購」品牌的理想人選。他在公司內部及公司與顧客之間，建立了一套強而有力的內在價值。「鮮易購」超市將提供價格非常理想、新鮮又天然的食物，並以擁有良好的購物環境為傲。「鮮易購」原本只是這項工作專案的名稱，但我們在研究的過程中發現，它比其他任何名稱更清楚點明了我們的宗旨，因為它簡潔地說明了我們是什麼樣的商店：好的食物，加上購物便利，所以我們堅持採用這個名稱。

做了這些準備之後，我們決定繼續進行下去。這當中的風險是非常真實的，因為這是在一個非常擁擠和競爭激烈的市場所做的一個未經考驗的超市模式。然而，這個風險可以推估：在最前期的成本，大部分投資將花費在設計營建及推出新的商店，但這可以根據業績表現來調整。更甚者，即使最後整個投資泡湯了，並不會威脅到特易購的生存能力；就這個程度上，它還是比花費一百億美元以上才能在市場占有一席之地，來得安全一些。好處則是可觀的：在美國，一個利基型的商業模式，甚至就可以成為像英國特易購這種規模的事業。再就我們擴展至亞洲發展中的市場來看，在美國的這項投資，也可以跟經濟快速發展、但經濟與政治風險相對較高的亞洲做一個平衡。持續進行，向著目標奮力邁進，需要很大的勇氣。然而，我們做好該做的功課，知道自己面對的艱難挑戰，而且並不是孤注一擲。

於是，我們跟媒體及大眾公開宣布及解釋我們要做的超市，開始建立整套系統、物流和生產設施，並找到店面。我們選擇在美國西部開始。我們將供應基地及中央廚房設在洛杉磯以東，供應聖地牙哥、中央谷地（Central Valley）、拉斯維加斯和鳳凰城等城市。在過去三年，後面這三個城市成長得特別快，居民負擔得起住房，而且就業率增長。我們的連鎖分店就是為這類擴展而設計的，也就是新興社區。

二〇〇七年秋季，第一批門市開業了，但那個時機可以說是再糟糕也不過了：西方世界進入七十年來最嚴重的衰退期。我們大部分的目標市場，陷入了全面蕭條的慘狀。我們在美國西部蓬勃發展時決定推出，但繁榮景象迅即破滅，因為它成了美國房屋次貸危機的中心點，那是我們在二〇〇五年決定投資時始料未及的。許多新社區開始賤價拋售房屋，而不是試著銷售更多的住房，失業率也跟著上升。然而，那時我們已經投入設立新超市的工作：建設工廠和倉庫、裝修許多商店，也已正式簽下許多店面的租賃合約。

在零售業中，新進的投資者特別能感受到經濟下滑可觀的影響力。在時機艱難的時刻，人們不會想嘗試新鮮的事物。他們開始量入為出，設法花更少的錢拮据度日，而不是尋求新奇、誘人的體驗。所有這一切都增加我們的災難，我們面臨嚴重的問題，除了一件事情例外，那是最重要的事：曾經來超市光顧的顧客，都非常喜歡我們的店。他們了解我們的用意，喜歡低廉的價格、品質好的食品，以及便利快速的購物方式。他們尤其喜歡我們的服務和工作人員，那是「鮮易購」執行長梅森對這個品牌和價值觀付出心力所得到的直接成果。

在艱難的初期，我們最忠實的擁護者就是顧客（他們都成為「鮮易購之友」）和員工。對於後者來說，這是他們工作過最好的地方：他們真的相信我們創立的超市及其價值觀，並致力要使之成功。在發展比較成熟的社區，例如洛杉磯和聖地牙哥等地的商店，雖然也受到影響，但並沒有因為經濟衰退而全面受損。從這些超市業績表現還算良好的情況來看，顯示出一旦經濟局勢變好時，員工和顧客的積極性，將能使這個超市模式轉化為切實可行的事業。

因此我們繼續經營，但放慢擴店的腳步。我們從中學到了很多，例如，即使一個新的想法符合現實狀況，並不一定代表一切都會進行得很順利。我們稍微調整了可供選擇的產品，並把店面裝潢得更溫暖活潑。原本預計可以在二〇一〇年達到損益平衡，現在預計將是在二〇一三或二〇一四年。

許多觀察家對於我們是否能達到這個目標，或是「鮮易購」超市是否能持續運作，仍抱持懷疑的態度。對他們來說，這並不是一個大膽、勇敢的目標，主要是對美國市場的錯誤評估，以及特易購的一個重大失算。如果他們被證實是正確的，這將是我身為執行長應該擔負的責任，也是一個明顯的例證，那就是，目標很容易設定，卻不可思議的難以實現。我必須承擔起明確的責任歸屬。對我來說，我很肯定「鮮易購」超市將會成功，而後來它在二〇一一年年底的成功，非常令人振奮。銷售量迅速成長，顧客對品牌的信心也持續增強。隨著市場表現從強勁的經濟逆風，慢慢變成經濟順風，「鮮易購」超市獲利良好。這要大大歸功於一些勇敢的人士，奮力不懈地把野心變成現實。

打破慣例

對於任何組織而言，拓展海外市場都是一項極具風險的業務。你必須應對新的文化、新的口味、新的法律和規定等問題，以及面對一個完全不同的經濟背景所帶來的困難。另一種類型的風險，是進入一個全新領域的活動，進而改變組織本身的性質。這是從一個你很熟悉的領域，跨足到另一個你完全沒有或只有一點點經驗的領域。各式各樣的變化，讓你必須與當地的一些競爭對手打肉搏戰，他們都已熟悉了當地市場，也已經擁有顧客群，而且也完全明白那邊的法規、技術和制度。如果他們贏了，你的聲譽、品牌和顧客的信任，都將遭受打擊。

這種多元化的零售，從一九九〇年代中期開始。在那之前，傳統上對零售商的理解，只是販售東西而不是服務。顧客帶著他們辛苦賺來的錢走進商店，從展示架上選擇想買的東西，然後付錢，就只是這樣。從這樣的定義來看，特易購代表了食品與飲料，有時是化妝品，有時是藥品。換句話說，特易購只不過是顧客去採購物品來養活自己和家人的地方而已。就這麼簡單。

這種固有的保守思想，是世世代代有著相同行為和思維模式的人留下的產物。它抹殺了事情可以有其他做法的可能性，並使明顯潛在的新商機被隱藏起來。

對於像特易購這樣的零售商來說，這種心態是一種挑戰。在競爭日益激烈的市場，做為傳統的零售商，我們如何在英國成長？由於法規和日益激烈的競爭，主要銷售食品的傳統超市逐漸減少。我猜想別的所有的執行長都跟我一樣，醒著時，身旁總是縈繞著令人煩惱不安的擔憂。即使有幾天的業績不錯，仍然會被這個想法影響思緒：「本週的銷量可能算是不錯了，但未來的成長要從何而來？」我一直抱持這個工作信念：如果我全然地跟隨顧客、看著他們的生活發生改變、有什麼新的需求，這樣就能給我成長的動力。這代表著，我們必須隨時準備好，並且願意在業務上做到足夠的改變，才能成為可以滿足顧客需求的零售業者。

在我成為執行長的時候，英國的經濟就跟許多國家一樣，正面臨迅速的改變。服務業變得日益重要。一九六〇年代早期，消費者的收入所得中，單單食物的花費就占了四〇%以上。到了一九九〇年代，已經下降到一〇%。即使把衣服和其他所有普通商品統統加起來，產品零售商都是消費者支出下降的那個區塊。在已開發經濟體中，消費者花費在服務上的費用，實際上比在商品上更多。顯然這些冰冷的統計數字，是受到人類希望、夢想和欲望影響的結果。當行動電話的革命開始時，這個趨勢就已經很明顯。突然間，我們親眼目睹這個社會變化，一些消費者不但有財力，也願意為單單一通行動電話，花費比他們一星期採買食物更多的錢。

零售業者顯然也注意到服務業的興起，像是銀行、保險公司，還有隨著行動電話出現的通訊業者，但我們卻還死腦筋地認為「這不是我們要做的」。它們被看成是不相關的行業。漸漸的，我不但感到這種想法是荒謬、過時的，也愈來愈覺得我們的商業策略有缺陷。如果並非不可行的話，銷售產品的零售商只能去思考如何同時販售服務，否則經濟將更加難以成長。像特易購這樣的零售商，將在英國高街上為商品（食品和飲料）僅存的回收價值奮鬥，而提供服務的業者，則將展開他們新開發的市場饗宴。

有些人認為，發展中的經濟體，為我們提供了一個喘息的機會。這不無道理，因為在這些國家中，大多數家庭的開支仍是食品和日常必需品。這加強了我們決定擴大到東歐和亞洲發展中市場的決心。但這種狀況不會永遠持續下去，因為當這些國家的經濟變得更加繁榮時，消費者同樣會花更多錢在服務上。因此，像往常一樣，不改變並不是一種選擇。

服務業的另一項特質，讓我感到非常有趣。在過去的幾年中，產品營銷已變得支離破碎，分成好幾個專業領域。現在已經很少有生產廠商還在銷售自家的產品，而很多零售商也只做產品的分銷；一些奢華品的品牌則兩樣都還有做，但他們是少數。相反的，服務業基本上是整合的，例如銀行和保險業：現在仍然有很多大型銀行的分行與保險的分公司，在負責推廣及行銷他們衍生發展的產品（例如房屋貸款、抵押貸款和保險）來招攬新客戶，並服務現有的客戶。在許多情況下，促銷產品及爭取客戶，就花了他們一半的營業盈餘。把產品生產及發展（即製造），與分銷及爭取客戶這兩個部分拆開來，我不知道是否為更好、更有效的經營模式，因為幾乎所有產品的營銷都這樣做，從番茄醬、牙膏，到豐田汽車。如果是的話，這可能會使大型折扣零售商的服務產業，採用跟產品零售類似的營銷做法。

我想到的最大企業是銀行、保險、電信，以及娛樂和休閒業。此外，我也曾想過教育和醫療業，但得到的結論是，這些系統龐大的企業因為監管上的不確定性，當然，很明顯還有政治因素牽扯在內，所以很複雜。我們自己發展免開處方箋的藥房服務經驗，提供以上可能出現問題的端倪。顧客希望我們的超市內有藥局，這不單只是因為我們的營業時間比傳統藥房來得久。然而，監管當局扭曲了市場，不發放許可證給超市，似乎只是因為偏見、禁止任何競爭（這樣才能讓藥品維持昂貴的價格），甚至還倒行逆施，我們採購量愈多，竟然被收取愈高的價格，以此懲戒我們的成功。這簡直就是完全改變了規模經濟（economy of scale）[13]，變成買得愈多，付出的費用就愈多。所以，我很快就放棄繼續參與其中的想法。至於其他領域的服務經濟（service economy）[14]，我知道必須在每一種領域中找到讓我們維持優勢的有利之處，以及可以對抗它們的成功機會。

這要感謝特易購的顧客忠誠會員卡制度，使我們形成一個有親和力的團隊，凝聚了最忠誠顧客的心。這些顧客給我們獨特的優勢。我們決定不涉足不清楚的市場、尋找不熟悉的顧客，而是專注在我們已經很了解的顧客，並為他們提供服務。至於是哪些服務，顧客會幫助我們設計出他們需要的服務項目。

從一九九五年推出會員卡、並見識到它的力量的那一刻起，我們就開始思考如何藉此提供顧客服務。和往常一樣，答案不是去找顧問，而是由顧客提供。在會員卡推出後的短短幾個月內，在顧客調查研究中出現這個令人吃驚的質疑：有些顧客問道，「**難道我們不能使用會員卡結帳嗎？**」這讓我們突然靈光乍現。

這證明了顧客可貴的地方。他們不假思索地提出這個問題，可能也沒有意識到在這個簡單問句的背後，代表了巨大的影響、許多管理的細節，還有金流操作的困難，尤其那還意味著他們希望特易購同時具備銀行的功能。然而，他們反映的意見既簡單又誠實。我們應該忽略或採取他們的看法？這將會是一個獎賞或負擔？全都取決於我們。

特易購成為銀行？在一九九〇年代，大多數的人聽到了會說：「你瘋了。」當我們初次認真考慮這個問題時，這確實是很多人的反應。向我們採購食物，顯然表示顧客必須信任我們。但是，要求他們用自己的錢來信任我們，又是不同等級的信任。稍有閃失，一夜之間便可能危及彼此的整個關係，並損害我們的品牌。雖然有信心要做，但冒的風險確實很大。我們所有人都必須深具勇氣，並相信我們在做正確的事情。

除了面臨的戰略風險之外，我們還有許多物流、金流和監管的問題有待克服。如果顧客要使用會員卡支付採買的費用，我們必須有銀行的執照，也得學習銀行的運作、管理與規定。我們也必須改變與會員卡搭配的結帳系統，因為原本會員卡的設計只在於蒐集數據。雖然這些種種的障礙看似巨大，但更重要的是，這個想法的力量足以讓我們克服這些困難。因此，我們決定放手一搏。既然有眾多顧客希望提供這個服務，那麼，它就提供了潛在的長期機會。

⑬ 譯註：指在一定的產量範圍內，隨著產量增加，平均成本不斷降低的事實。

⑭ 譯註：指服務經濟產值在國民生產毛額中的相對比例超過六〇%的一種經濟狀態。

很快的，我們在一九九六年推出了特易購雙倍積分會員卡（Clubcard Plus）。就像會員卡一樣，這張卡可以蒐集顧客資訊，顧客也可以賺取積分，但它還有一個附加功能，就是可以用來支付商品費用。顧客根據他們預計每個月花費在食品雜貨等的費用多寡，安排每月的轉帳。他們會得到額外的積點獎勵，我們也會支付他們帳戶餘額的利息。這項交易，比他們從其他銀行帳戶得到的利息更優惠。

雖然這張雙倍積分會員卡只能在特易購使用，但事實證明它很受歡迎。因此，我們決定再加把勁，推出更廣泛的產品和服務。我們與蘇格蘭皇家銀行（**Royal Bank of Scotland**，歷史悠久的蘇格蘭機構，當時在英國已經很少見）建立了夥伴關係。他們能提供我們所缺乏的專業知識，而且在我們申請新合資企業的銀行牌照時，也能確實監管銀行的業務運作及管理。很快的，我們就擴大了產品項目，增加了信用卡、儲蓄產品、貸款產品、汽車保險以及房屋保險。

在這之前，從來沒有人做過這麼具規模的事。全世界的銀行都有在超市設立分支機構，但是沒有超市曾經真正涉及或兼辦銀行及保險的業務。不出所料，一些媒體評論家開始盲目地猜測，認為人們太過於用自己的錢冒險，太過信任超市的想法。這同樣反映一種根深柢固的思想，就是許多業務分析師經常認定什麼才叫「正常」。當然，他們不知道的是，這個想法並不是來自於我們的夢想，而是我們顧客本身。只要顧客信任我們能做好工作，也就是提供好的服務、簡單、又有價值，這就夠了。

我們確實做好本分。我們制定了新的、極具吸引力的價格和服務的新標準。產品簡單易懂，不像一般的金融服務業，在一行行小字的說明中，還隱藏著其他費用。由於一系列產品的成功推出，在短短幾年內，我們的一些金融產品，就已經占據了整個金融市場份額的一〇%。這對剛進入巨大金融服務業的我們來說，是一大傳奇，特別是我們只針對自己的顧客設立這個新服務，卻也因此成為領先的金融服務品牌。

我們的成功，有很大一部分原因在於使用傳統的銀行運作方式：了解顧客，鼓勵他們在你的銀行儲蓄，並讓他們確信，當他們有借貸需求時，有我們支持他們。由於會員卡讓我們更加了解顧客，增加了降低風險的優勢。我們不須在一夜之間建立一家巨大的銀行，然後冒所有的風險；相反的，我們可以用長遠的眼光和耐心，穩當地好好建立。自創建以來，銀行的服務業績持續增長，即使經歷了二〇〇八年可怕的金融危機。在二〇〇九年，特易購買下蘇格蘭皇家銀行，開始專門為特易購的顧客群（以此為基準開始）擴大銀行的產品和服務。現今，特易購已經擁有超過五百五十萬的顧客帳戶，而最令人鼓舞的特點之一，是它增加了顧客的忠誠度，並大大提升特易購的整體業務。過去被認為看來似乎是勇敢、或對有些人來說是蠻幹的作為，以現今的觀點來看，似乎是再普遍不過的事情。

「不要做小的計畫」

「不要做小的計畫。它們不是讓男人熱血沸騰的魔法，而且計畫本身也可能不會實現。」這是引用美國建築師暨城市規畫師伯納姆（Daniel Burnham，一八四六—一九一二）說的話。

他有許多宏偉的成就，包括重塑芝加哥和華盛頓這兩個城市。[8]實踐任何計畫，都應該有像他這樣的壯志。每一個新的提議、想法或做法，都會碰到大大小小的問題，以及人先天對變化存在的恐懼。小的計畫，最終就像義大利香腸被切成薄薄一小片的樣子。**唯有大的構想及大的計畫，你才有機會看到真正的變化**。

我家鄉利物浦的歷史，反映了這類規模的勇氣和雄心。雖然我喜愛英格蘭西北部，但那邊的地理或氣候從來就不是得天獨厚。幾個世紀以來，這個曾經只是個小鎮的地方，一直都在努力使國家對它產生印象，而不是這個世界。雖然約翰國王（King John）在一二〇七年[9]時，特許授予這個鎮皇家憲章，讓它可以跟愛爾蘭從事貿易往來，但後來很長一段時間並沒有什麼特別的發展。到一七〇〇年時，利物浦仍然是一個只有五千個靈魂沉睡、停滯不前的地方。[10]

之後，在十八世紀末和十九世紀初，利物浦附近的地區，展開一系列在發電上的發明及創新，那是工業時代的開端，對全球造成真正有意義的影響。數百年來，三分之二的全球財富和輸出集中在東方，特別是中國和印度。但在歐洲這個小小角落的小島上的工業革命，卻使得原本的局勢出現了逆轉。利物浦成為工業革命中的一個重要海港，在十九世紀，全世界四〇％的世界航運都會經過這個港口。[11]

這個城市開始體驗到爆炸式的成長，就跟今天的中國一樣。到一八〇〇年，利物浦的人口數已增加到約八萬；到一九〇〇年時，又增加了近九倍，總人口數已超過七十萬，是大英帝國僅次於倫敦的第二大城市。[12]城市的商人開始致富，用華麗的維多利亞式建築、畫廊和博物館來妝點城市。

然而，利物浦的衰退，就跟它當時的繁華一樣快速。在十九世紀，利物浦歷代的偉大家族開始把倫敦看成是他們的標竿，是利物浦將來必須成為的城市。然而，二十世紀時，世界航運搬遷到成本較低、規定較不繁瑣的國家；而當大英帝國加入歐洲聯盟（European Union）後，英國貿易的重點便轉移到英格蘭東部。同時，工業革命的影響早已傳播到世界各地，利物浦的霸主地位結束了。在二十世紀最後的幾十年內，利物浦的情況已經降到了谷底。到二〇〇一年時，它的人口數大約是一九三一年時的一半而已。[13]從一九六一至一九八五年之間，城市的就業機會下降了四三％，失業率從六％上升到二六％。[14]成了歐洲最貧窮的地方之一。

千禧年來臨時，利物浦的問題愈來愈嚴重。一連串的失業、家庭破裂和犯罪問題，增加了騷亂，整個城市也被國家社會主義委員會搞得破產，英國工黨幾乎分裂。利物浦，這個曾經是大英帝國對外展示商業實力的門面，成為內城衰落的代名詞。

利物浦的問題變得很棘手，所以開始受到重視。凡是提出任何可以改變局面的好建議，似乎都被認為是幼稚的。要對付這種態度，必須做的便是擁有真正的勇氣：不只要有勇氣克服這個地方的政治，還要具備勇氣接受利物浦的衰落是不可避免的事實，以及最好的解決方法就是「管理」。令人驚訝的是，在這裡確實有一群人具備這個勇氣。他們成立一個「利物浦願景」的組織，目標是透過市中心的重建，來刺激公部門和私部門之間合資企業的經濟成長。二〇〇一年，我獲邀成為董事。

我覺得自己有點像是局外人，畢竟我已經離開這個城市近二十五年了，但事實上，這其實是幫了我（我希望是如此），能夠反映出世界其他地方如何看待利物浦。為一個城市工作，就像為一家公司或機構工作一樣：如果你太深陷其中，就不容易面對真相，也很難讓你看清自己，或清楚其他人如何看待你。你總是可以找到藉口來解釋為何某個特定的批評不準確，或一味認定問題已經獲得解決。

由於沒有獲得好的宣傳，這個城市失去了它的優勢。經過一個世紀的衰敗，人們只知道情況更加糟糕，從沒想過事情可能變好，更遑論做任何基礎性的改變計畫。政府的思想和政策並沒有助益。所有政治派別的部長，紛紛提供了急需的、善意的支持，但是這些都是建立在管理已經產生缺失的毀壞基礎上：它形成一種依賴政府的救濟，削弱人民的士氣、信心和能量。我是個相當樂觀的人。我的業務生涯讓我有機會跑遍世界各地，我知道利物浦就其文化和歷史遺產來說，是個有分量的城市。

在城市改造計畫中，有兩名男士特別負責將「利物浦願景」的目標勇敢地變為現實。我們公司很巧妙的，是由一個生性安靜的利物浦人所領導，他是德懷爾（Joe Dwyer），畢生投身建築業。同時，該市也剛剛聘請了一名活力十足的行政長官亨蕭（David Henshaw）。「利物浦願景」果然沒有辜負它的名稱：承接了幾乎整個市中心完整的重新規畫再造。更重要的是，「利物浦願景」為了實踐計畫，還包含吸引資金的決心。

這個城市的經濟問題，或多或少幫助了我們。利物浦已經蕭條了這麼久，許多精緻宏偉的建築仍然存在，沒有像其他城市那樣必須急著汰舊換新、變得摩登現代的需求。那兒甚至還留有二次大戰時受到砲轟的幾處遺址，六十年來幾乎都沒有被動過。這些地方當中，還包含一塊位於市中心、面積達四十英畝（約四萬八千多坪）的完整土地。

這塊地成為總體規畫的關鍵。市議會曾經徵詢過專家的意見，有關利物浦市中心建構購物中心最大的潛在需求空間。考慮到城市的經濟衰退和相對貧困的狀態，獲得的答案是：二十五萬平方英尺（約七千坪）是所需的最大面積，而這樣大小的空間發展實際上已經展開了。我們不同意這種說法。我們的觀點是，如果我們得到了該計畫，將會創造新的需求，並開始讓利物浦重回零售業的最高等級。幸運的是，全英國最富有的人之一，威斯敏斯特公爵（The Duke of Westminster）同意我們的看法。他也認為利物浦必須有宏觀的計畫，他的公司提出了全部四十畝土地面積的重建計畫，聘用二十位不同的建築師，重建原有的街道布局。該計畫將創造一百五十萬平方英尺（約四萬兩千坪）的購物空間，包含飯店、餐廳、電影院和公寓住宅。

市議會需要勇氣，來核可這個比原先專家建議大了六倍的重建計畫。然而，一旦準備就緒，我們就能夠做很多的計畫，像是建造一個位於海濱飯店的新會議中心、一座新的博物館，以及一些宏偉的大樓。那裡將是一個全新的商業辦公區域。在不到一平方英里（約七十八萬坪）的地方，就投資了總共四十億英鎊的金額，其中大部分是私人投資，其餘則是公家單位對重大基礎設施的投資。[15]總體而言，我們預計重建整個市中心的四分之一，這是在利物浦的歷史上最大、最廣泛的重建，即使是在以往經濟繁榮時期都不曾有這樣的規模。這也是幾十年來第一次讓人感受到，未來看起來比以往更宏大、更光明。你可以感覺到這個城市和居民重新湧起一股驕傲與自信。

一個大膽的願景、大膽的目標、大膽的計畫，只差一個步驟：實踐它。無數的城市、企業、機構和政府的所謂「偉大的計畫」，不過是虛張聲勢、大張旗鼓的舉動，總是被束之高閣，結果只是讓人民覺得這些計畫確實都太難以實現罷了。我們需要的是一個命令句，一個不能任意變更的必做事項，而且必須有明確的決定和行動力來執行這件事。利物浦成功地完成這項創舉，在二〇〇八年贏得競賽，成為歐洲文化之都。這項成功，讓每個人都感到必須努力完成它的巨大壓力。接著是計畫全年舉辦慶祝這個城市豐富文化的活動，吸引來自世界各地的人到此一遊。最終，他們辦到了。一切都準時完工，費用也在預算之內。新的發展，為老建築瑰寶提供一個全新的環境。文化資本是個巨大的成功：在那年，利物浦成為全英國第四熱門的渡假觀光地[16]，也從全英國排名第十五的最受歡迎的購物城市，一躍成為第五名[17]，經濟受益變得更為廣泛。經過多年的經濟衰敗及慘澹歲月後，利物浦終於成為英國成長最快速的大都會區。

當然，其他還有很多事情要做，但至少這個城市已經重新獲得了信心。在嘗到野心的滋味後，接下來就要逐步奠定及加以建設。利物浦的聲譽已經轉化，成為一個提供就業機會、又吸引投資的城市，這使得外來投資的情況更加改善。藉著各式各樣的方式，它已經開始與外部世界重新連結。

回想起來，似乎很難讓人想像，一個曾經是世界貿易樞紐的商業城市，有著令人印象深刻、被上海建商複製的海濱，會變得那麼孤立、狹隘和缺乏自信。很可悲的是，這是失敗可能會對任何組織、社區甚或個人造成的影響。利物浦的復興，證實了我們不應該讓未來成為過去的囚犯。它的復興，對任何人都有重大的啟示：大膽的計畫、時機、風險，而最重要的，是勇氣。

如此的野心和勇氣，挑戰著組織中通常找這些藉口來搪塞的人：「我沒有時間做別的事了」、「我沒法再做更多了」。但事實上，不管是個人或組織，總是能夠做出比他們想像中還要多的事情。我稍後會解釋如何做到這一點。但有一點是明確的：你必須有決心和毅力，才能實現這些野心。維多利亞時代的作家和思想家斯邁爾斯（Samuel Smiles）提到拿破崙時說，他最喜歡的一句格言是：「**真正的智慧，是一個堅定的決心。**」

> 有人告訴他（拿破崙），阿爾卑斯山擋住軍隊的去路，他說：「不得有阿爾卑斯山！」於是，該路對面從未有人造訪過的辛普朗山峰（位於瑞士與義大利交界處），便被鑿通了一個隘口。他說：「『不可能』這個詞，只存在於愚人的字典裡。」[18]

這種決心和意志，對於實踐勇敢的目標至關重要，只要在你實踐的過程中，不要忘了你的價值觀。

參考書目

❶《費舍爾的面孔》（*Fisher's Face*），莫利斯（Jan Morris）著。見第138至139頁。

❷《基業長青》（*Built to Last*），柯林斯（James C Collins）、薄樂斯（Jerry I Porras）合著。Random House出版，二〇〇〇年，第98頁。

❸《普拉脫的商人——弗朗西斯‧迪馬可‧達提尼：中世紀義大利城市的日常生活》（*The Merchant of Prato: Francesco Di Marco Datini: Daily Life in a Medieval Italian City*），歐瑞（Iris Origo）著，Penguin出版，一九九二年，第90頁。

❹一九九一年，巴菲特在埃默里大學商學院（Emory Business School）的演講。

❺《改變世界的機器》（*The Machine that Changed the World*），渥馬克（James P Womack）、瓊斯（Daniel T Jones）及儒斯（Daniel Roos）合著。Simon & Schuster出版，二〇〇七年，第55至56頁。

❻請見http://www.pigglywiggly.com/about-us

❼節錄自寇恩（Jack Cohen）從《反革命：特易購的故事》（*Counter Revolution: The Tesco Story*）。波維爾（David Powell）、布克斯（Grafton Books）合著，一九九一年，第65頁。

❽出自《丹尼爾‧伯納姆，城市建築師及規畫師》（*Daniel H. Burnham, Architect, Planner of Cities*）第二輯：〈Closing in 1911–1912〉。莫爾（Charles Moore)、米福林（Houghton Mifflin）合著，一九二一年。

❾請見http://www.mersey-gateway.org/server.php?show=ConNarrative.119&chapterId=804

❿請見http://www.liverpoolmuseums.org.uk/maritime/exhibitions/magical/quiz/trivia.asp

⓫請見http://www.worldportsource.com/ports/GBR_Port_of_Liverpool_86.php

⓬請見 http://www.visionofbritain.org.uk/data_cube_page.jsp?data_theme=T_POP&data_cube=N_TOT_POP&u_id=10105821&c_id=10001043&add=N

⓭請見http://liverpool-consult.limehouse.co.uk/portal/planning/csrpo_consultation/csrpo?pointId=1245921856105

⓮請見http://liverpool-consult.limehouse.co.uk/portal/planning/csrpo_consultation/csrpo?pointId=1245921856105

⓯請見http://www.liverpoolvision.co.uk/

⓰請見http://www.visitbritain.org/insightsandstatistics/inboundvisitorstatistics/regions/towns.aspx

⑰ 參考益百利（Experian，譯註：領導全球的信息研究分析及市場推廣服務供應商）二〇〇八年十月十七日資料。

⑱《自我幫助》（*Self Help*），斯邁爾斯（Samuel Smiles）著，Penguin出版，一九八六年，151頁。

| 第四章 |

價值觀

強而有力的價值觀，鞏固成功的企業。

價值觀賦予經理人一個堅守自己立場的穩固力量，使他們即使在驚濤駭浪中仍能抵禦岩石的撞擊。價值觀主控一家企業的行為、判斷什麼是重要的，以及面對問題時應該如何處理。

人們經常回顧一九五〇和六〇年代初期，認為那是一個黃金時代。那是在迷你裙與「花的力量」①之前的年代。但我不這麼認為。我記得那是一個出身背景重於價值觀的年代，一個許多人受困於野心貧乏的年代。

雖然如此，那個年代還是有一件好事：一些規範良好行為的價值觀；這在六〇年代後期就失去了。**尊重他人、正直誠信、堅毅忍耐、明確的是非觀念**等等，我被灌輸了這些價值觀，這要感謝我的天主教背景。之後，在急於打破階層壁壘、結束令人窒息的傳統時代，就失去了這些價值觀，取而代之的是道德相對論，這從某種意義上來說，就是任何事情都可能發生。因為我們希望消除歧視，因此開始包容一切。

這一點除了對整個社會很重要之外，對企業也很重要。**強而有力的價值觀，鞏固成功的企業**。它們賦予經理人一個堅守自己立場的穩固力量，使他們即使在驚濤駭浪中仍能抵禦岩石的撞擊。對於競爭對手驚人的創舉該如何反應，是否該開除雇員，是否要投資一個特定的企業等等，如果有一套清晰、永恆的價值觀，那麼這些棘手問題的答案、令人夜不成眠的困惑，就可能迎刃而解。更重要的是，信守這些價值觀，有助於為信任及信心扎根，結合員工與員工之間、雇主與員工之間，以及顧客對公司的情感。這也會激發員工跟隨管理、大步往前邁進、幫助同事，同時也會建立顧客的忠誠度。

人的行為很容易受到情感的動搖，也就是他們的直覺反應，而不是理智。這些情感往往是由價值觀帶動和支撐的，例如，我們會讚賞做正確事情的人、會對他人表示尊重、會無私地幫助有需要的人等等。至於為什麼這些價值觀很重要，當然也有理性的論據可以證明，但大多數人可能會說：「因為我的直覺告訴我這是正確的事。」

衛斯登（Drew Westen）②在他的著作《政治的腦》（*The Political Brain*）中，嚴厲譴責那些「對理性有著不合理承諾」❶的政客。他說：「如果你把選民的意見當成是計算的工具，來加強你對某些『議題』的支持度，你必然會發現自己急於求助於民意調查，而不是自己的主見。一旦選民認為你對於一些見解與判斷只是迎合他人的意見，而不是你內在固有的本質，也就是你的情感，尤其是道德情感，他們就會覺得你是個軟弱、猶豫不決、缺乏原則的人。而事實會證明他們是正確的。」衛斯登還認為，選民不會去爭辯那些對自己及家人都沒有「情緒影響」的政策，他說：「從神經科學的研究角度來看，一項訴求如果愈純『理性』，就愈不會啟動管理選舉行為的情緒神經迴路。」因此，才有這句政治格言：「勸之以理，動之以情。」

成功的政治家都理解這一點，企業的領導者就比較少。然而，員工和顧客既受情感、也受理性的驅動，而且他們的經驗塑造了他們的態度，以及對一個品牌或一家企業的情感。這也是為什麼價值觀如此重要。它們主控一家企業的行為、判斷什麼是重要的，以及面對問題時應該

---

① 譯註：Flower Power，六〇年代末和七〇年代初的口號，是一種消極抵抗和非暴力思想的象徵，植根於反越戰運動。那也是嬉皮文化的時代，以鮮豔色彩的衣服、迷幻的音樂及藝術等為標誌。

② 譯註：美國喬治亞州埃默里大學心理學暨心理治療系所教授。

如何處理；一切可能的問題，例如：如何處理顧客的需求、如何削減成本，以及當店員被顧客問到：「番茄醬在哪裡？」的時候應該怎麼答話等等。

鑑於以上所述，那些總是盯著公司業績表現的分析師和科研工作者，卻不注重一家企業的價值觀，還真是奇怪。誠然，我們很難明確地說究竟什麼才是「好的價值」，更遑論設法去衡量一家公司對自身價值觀的堅持。不過，你只要走進一家公司的櫃檯接待處、一家商店中，或是商家的產品展示區，就可以感受該公司是否具備尊重員工、或試圖獲得顧客信任的價值觀。

有些管理者對於寫下該組織的價值觀抱持懷疑、負面的態度。他們的觀點是，每個人都有相同的價值觀，他們又何必特別闡述他們組織的價值觀？雖然可能很多人擁有共同的價值觀，但是當你寫下你和團隊最關心的價值觀時，你可能會為公司或組織創造出一些獨特的觀點（當有人問約翰・藍儂是如何創作這麼多不同的唱片時，他說他不知道，因為他每次就是想做一個跟之前完全不一樣的新作品）。

一家公司如果忽視自身的價值觀，並純粹以短期的收益和利潤為基礎來做決策，通常都會失敗。他們冒著極大的風險，甚至一個決定就可以賭上整家公司，包括所有員工的工作、退休金、生活和命運。除非該公司正面臨倒閉，否則絕不會發生這類情況。一家擁有價值觀的公司，也就是知道何者是對、何者是錯；重視及善待員工的公司，絕不會下這樣的賭注。

以前，我並不會一直將「商業」和「價值觀」這兩個詞聯想在一起。在社會主義家庭長大的我，對於「商業」的聯想，就是無情的老闆經營著黑暗、邪惡的工廠，沒有任何的價值觀。

即使在我快修完商學學位時（當時就已充斥著社會主義者對利潤和市場反感的氛圍），我還是對商業不知道會涉及什麼感到擔心。那也部分說明了，為什麼我選擇在合作社開始我的職業生涯（一九七七年，詳見第一章）。

合作社根源於工人運動，發生在社會主義之前。它的創始人，以及在我加入時的其他員工，對於民主制度和社會正義有一種堅定的信念。透過擁有合作社這些成員的經營，它吸引了一些非常和善、富有同情心的人士加入，動機是希望盡自己的一點力量，來幫助那些在社會上較不幸的人。這是非常值得稱讚的，但是這些目的（民主制度和社會正義）開始支配實現它們的方法。合作社以民主的方式經營與管理，但因為每個人都有發言權，所以做一個決定通常要花很長的時間，也沒有人真正負責。更重要的是，即使它建立了高尚的目標，用心服務每一位顧客，無論方法為何，顧客的聲音還是在亂哄哄的意見和辯論中消失了。誰也不確定該組織在做什麼，是提供工作，還是改善社會，或是贏得客戶，或者賺取利潤？這是很基本的問題，但始終沒有得到答覆。我很快了解到，**價值觀的重要性，不僅在於你想達到什麼目的，還必須知道如何著手實現那個目標**。如果沒有一個明確的流程（我之後會談到），強而有力的價值觀和高尚的抱負仍只是空談。

一九七九年，我從充滿魅力、優雅友善，以及有著傳統英式下午茶派對氣氛的合作社，轉戰到狂野的西部：特易購。在喧囂的倫敦東區一個市場攤位崛起的特易購，創始人是有著強烈直覺、天賦和獨裁性格的寇恩。我加入特易購時，仍可強烈感受到所有這一切的氛圍。特易購大部分的人，都有著像我這樣類似的背景：具有競爭力、企圖心，以及過於中規中矩（很多管理人員都曾加入陸軍）。想要嶄露頭角，就必須仰賴自己的努力、動力和決心。這是每個人，那時一般來說是男人，要為自己努力的事。這指的是在一家有著清楚結構和行為規則的公司工作。但在那個年代，特易購幾乎兩者都沒有。

特易購已有的管理架構，是建立在同事（如果他們這樣稱呼彼此）之間的權力鬥爭上，既殘酷、艱辛，又沒有文化，但卻充滿活力和動力。公司業績不佳，則是另一件令人緊張的事。大家感到壓力，但獨自承受。在不傷害他人的情況下，他們的聲音是各自發洩情緒的管道：對著別人大吼大喊是家常便飯。這個只具備小規模結構及民事法律意識的工作環境，是不可預測且易變的。前一分鐘，你置身於高級管理階層的會議中，下一分鐘，你可能覺得自己好像是在一所學校的操場上，有人因為走路或是講話的方式被嘲笑。

我相信那個時代的其他行業也跟特易購一樣，但我當時仍對這一切感到震驚、困惑和害怕。因為上過大學，我預期的是更為理智、成熟和理性的工作環境。最重要的是，我預期的是更好的態度。我一直被警告在這裡我不可能會生存下去，結果，才只工作了一天之後，就覺得幾乎快被生吞了。我面臨著一個選擇：生存，或者被殺。

所以，我改變了，變得好鬥、好勝心強、很有企圖心，不怕冒犯別人。日子好過的時候，我是個有趣的傢伙，一直要求東要求西。日子不好過的時候，我是個擾人的傢伙，一直找人麻煩。不好過的日子比好過的日子多得多，兩者我都印象深刻。

二十三歲的我，向高階主管提出一些想法，關於我們如何改善在健康和美容的業務。這是我在特易購的第一個大專案，我必須在整個高層團隊面前報告我的構想，這個團隊大約有六十人。我認為這當中幾乎沒有什麼高政治③的議題。當我報告完後，侮辱開始出現了。

「你沒有足夠的能力和經驗在這裡處理問題，李希。」

「看來你沒弄清楚自己在這裡說些什麼。我在這裡工作已經十五年了，輪得到你來告訴我該怎麼做嗎？你以為你是誰？」

「你是想告訴我，我該怎麼做事嗎？」

我沒有足夠的勇氣對他們說：「那麼，你們為什麼不這樣做？」

四年後，一九八三年，我在公司一場會議中發表演講，議題是關於卓越的顧客服務所需的要件。而且我很快就察覺到，到目前為止，就很多層面而言，市場行銷仍只停滯在處理及分析大批數據的狀態，離真正貼近客戶還差很遠。結果，中傷的話再次出現了，像是：「你有什麼權利談論顧客？」「你現在是在跟我們上課嗎？」

我在一九九七年成為執行長的時候，特易購已經開始發生變化，例如，有更多婦女加入工作行列、大家對成功的熱情緩和了冰冷的關係等等。但也還是免不了有令人筋疲力竭的地盤爭

③譯註：high politics，攸關生死存亡的國家大事，如製造原子彈；低政治則是像貿易、街頭抗議等。

奪戰、大男人主義、職場的殘酷氣息、令人窒息的觀念，以及新奇的思維。我認為人應該更加受到重視和尊重，這對我來說非常重要。

我得出的結論，就是我們必須整編特易購的價值觀。前任執行長是一位很有威望的人，且深受愛戴。理所當然的，這個行業也必須知道我代表什麼象徵。我也想將明確的價值觀慢慢地灌輸到特易購，包含員工及他們對客戶的承諾。我們不需要二手的、或是無法落實的價值觀。**特易購的價值觀，必須是特易購的創作**。

我們在公司內挑選了上萬名員工，將三十到四十人編為一組，要求他們在一年之內回答下列這兩個簡單的問題：特易購的主張是什麼？你會喜歡它代表什麼？我們整合答案後，再由員工自己調整和潤飾，而不是管理高層。最後，蹦出兩個核心價值觀。

第一個價值觀是：「**特易購最用心服務顧客**」。這是特易購員工深以為傲的。第二個價值觀是：「**特易購待客如己**」，這反映員工希望在這樣的地方上班。在這兩個核心價值觀之下，工作人員再補強對於這兩個價值觀意義的表達及闡述。

在第一個價值觀「特易購最用心服務顧客」之下，他們寫道：

比任何人都了解客戶。

充滿活力、不斷創新，以及顧客第一。

運用我們的優勢，為我們的客戶提供無與倫比的價值。

照顧我們的員工，他們才能夠照顧我們的客戶。

在第二個價值觀「特易購待客如己」之下，他們寫道：

在所有零售商中有一個很棒的團隊——特易購。

信任和彼此尊重。

力求做到最好。

相互支持，彼此多讚美、少批評。

求教多於授教，分享知識，以便能徹底實踐。

樂在工作、歡慶成功，並從經驗中學習。

這些簡單又有力的句子，不只給我們團隊一個行為指南，同時也賦予大家一種公正的意義和信心。他們知道可以期望其他同事有什麼行為。這些價值觀，就是特易購的價值觀。經過多年來極力想成為桑斯博里超市或馬莎百貨的努力之後，我們終於有信心說：「這就是我們，這就是我們的行為。」這兩個價值觀道出了我們對菁英管理的理念：**無論對方的背景為何，我們都要一視同仁**。

當我們推出這兩個價值觀時，已經預期有些人聽了之後可能會聳聳肩，不把它們當一回事。結果，我們收到的反應居然是相反的。一些極端保守派的員工卻步了，他們認為這是一場文化革命。確實也是。大男人主義、叫囂和粗暴的行為逐漸消失了，換來的是更多的分享，以及可能還有更多的女性文化。而這些似乎不適合某些人，所以有些人便拂袖而去。

然而，建立價值觀算是容易，困難的是實踐。「活出企業的價值觀」，有一種另類的氛圍。然而，我不認為它另類，而是一種圍繞著客戶的文化，並且建立該有的行為舉止，正派且得體。比方說，它不是建立在與同事經常打高爾夫球（我不會打高爾夫）這點上。要創造這種文化，**領導**是關鍵。一個團隊必須被領導者告知「這是重要的」。而且他們還必須看到領導者並非空談這些價值觀，而是**確實實踐**，並以此做為決策的基礎。

價值觀的文化基礎，不可能在一夕之間就建立。事實上，這個過程永遠不會結束，而且必須不懈地努力。無論我去哪裡，我都會談一談價值觀。十五年來的每場演講、發言、鼓舞士氣的談話、辦公室外放鬆的交流聚會，以及各類會議等等，無論是五十分鐘的演講，或是兩分鐘的言論，我總是會提到這些價值觀。那其實煩死我了，但唯有一再透過重複簡單的事情，大家才會真正意識到這個訊息：「這一點很重要」。這些價值觀必須活在每名員工的心靈及頭腦之中，如此才能實現我們的策略：讓特易購的價值觀深入每位員工的工作與生活中。回顧我當特易購執行長的頭幾年，我對公司的最大貢獻，不外乎是建立我們的價值觀、策略、團隊，以及商店操作模式。

為了幫助任何組織中的團隊理解什麼是他們會被預期要做到的，例如他們應該有怎樣的行為、應該了解組織的目標，以及如何符合制度的理念等等，你不能依賴備忘錄或電子郵件，也不能採取像發一片光碟讓他們播放聽一聽的簡化方式。沒有什麼比面對面的交談更有效了。我要強調的詞是「**交談**」：不是誇張的修辭，或滔滔不絕地說大話，而是一種簡單的聊天，解釋你在那裡做什麼，你會如何實現目標，以及為什麼聆聽每個人說話。這是很重要的。

即使在新技術提供很多不同溝通方式的今天（例如電子郵件和臉書），面對面溝通的重要性還是不比從前低，也許還更重要。在一堆訊息交流的管道中，無論是電視、微博、部落格、電子郵件、收音機，甚至是親愛的老報紙，那都不是容易與人交流的方式。而且，即使你傳送的訊息透過上述其中一種媒介獲得他人一丁點的注意，說得客氣一點，最後你的訊息也很可能變得一文不值。有些字詞之外的東西，例如，可以加重語氣及真實情感的語調和動作，這些都是必要的。這是為什麼面對面交談如此重要的原因。

身為領導者，你不能將這個角色委派給別人。大家希望看到領導者的言行是否如　。頃刻之間，他們可以分辨出來，眼前的領導者是否了解他們面臨的問題，是否有解決問題的計畫，以及是否可以克服這些挑戰。他們立刻就可以決定是否信任你。而且在最基本的層面上，這也代表了你身為他們領導者的特質，也就是你親自見到他們，這同時也顯示了你知道他們在乎這一點。

斯利姆元帥子爵了解人類心理的基本層面，他說：

對不被人注意到的幕後工作者來說，心裡其實是不好過的。例如，在倉庫盤點的店員、總機的接線生、做著卑微雜務的清潔工、在軍營中配給靴帶的軍需官等等。我們很難從外表看出來，其實他們都是很在意的。然而，五十萬人軍隊中的每個人，都必須看到他負責的任務是團隊任務之一，並了解達成任務的關鍵所在，而且要對自己做得很好感到自豪和滿意。[2]

因此，斯利姆元帥在接手擔任第十四軍指揮官的最初幾個月，每天都會對部下進行三到四次的精神喊話，鼓舞士氣。他覺得自己「更像議會候選人」，而不是軍人。

Flashman系列小說和詹姆斯・龐德電影《八爪女》（*Octopussy*）的作者弗雷澤（George MacDonald Fraser），曾在斯利姆元帥的部隊中擔任步兵，參與緬甸的作戰（他顯然當了四次的一等兵，但因輕微的罪行被降級三次，其中一次牽涉到茶炊的損失）。他在對該戰役的回憶錄中寫道：

> 最令人感到士氣被鼓舞的，是這位結實魁梧的男子在集合的營隊面前發表的談話……那真是令人難忘。斯利姆是我見過唯一一位內在具有無限力量，以及堅強實力個性的人。我一直百思不得其解，因為實在找不出他何以能如此獲得注目的原因……他知道如何閃亮登場，或者更確切地說，也許也不是那樣，因為一切都很自然……沒有大張旗鼓，沒有事前的公布，他只是走

上講台……不是訓誡或響亮的陳腔濫調，也沒有笑話或下意識使用營房的俚語……他以非正式的方式告訴我們，接下來的狀況可能會是怎樣，並用一種深思的態度與我們親切交談。我們相信他說的每一個字，而且他說的一切都實現了……他有著將軍的頭腦和一般士兵的心思……他懂得用我們的階級層面思考，就是這種存在於他體內純然的確定性，使得第十四軍擁有無與倫比的信心；那也是他允諾會做到的事情。❸

這段描述，見證了斯利姆元帥的天賦，以及他對人類如何思維的洞見。「我們利用每個人的欲望，他們希望感受到自己及肩負的工作很重要」，他後來寫道。斯利姆致力於與部隊直接溝通，那是很大的功勞，「士兵感覺他們直接共享了勝利，成功和榮譽也掌握在他們手中，不亞於任何人。」❹

特易購是一家大企業，擁有數十萬名員工，以及數千位經理人。正如斯利姆的計畫必須依靠成千上萬的成員執行大量的任務，例如：士兵、飛行員、機械師、駕駛、廚師等等，一起完成一個共同的目標，我也仰賴成千上萬的員工幫忙做許多事情，從把貨品上架到銷售，從併購分店到打理它們，這一切都是為了贏得顧客的忠誠。縱使你有活潑的廣告、最優質的產品、設計最完善的商店，如果客戶在光顧你的店面時，沒有工作人員特別的照顧及服務，上述條件的力道便減少了。就是這種體驗，感覺得到小小幫助的一種很舒服的驚喜，會使得你的品牌很獨特，並能建立與顧客之間的忠誠度。

我們有很大的計畫和大膽的目標，但是，如果沒有大家同心協力，可能不會成功。我也知道，我們在航程中會遇到狂風暴雨：我希望每個人都在船上，不僅是身體，更包含心靈。唯有看到我們的團隊，並與之共同討論試圖實現的目標，以及支撐目標的價值觀，我才能做得到這點。於是，我決定藉由俗稱的「大會」，將這訊息告訴員工。

我們從零售業務的基石，也就是店經理，以及組織中任何類似資歷的員工開始。當時大約有三千名，所以將他們分組，每組約兩百名，並安排與他們見面的行程。我們試圖營造私人和非正式的會面氣氛。大家圍著圓桌子坐，每桌約十人，我站在中間。報告特意簡短、即興，因為我不希望這個會議太過繁冗，而是真實的交流。無論演講多麼精采，如果只是獨白，只會讓聽者覺得無趣，也許剛開始還不會，但一旦他們意識到整場溝通都是這樣，肯定就會覺得沒意思。我想跟大家對話，而不是演講者。如果讓經理人感覺只是來聽演講，而且他們的觀點與我及團隊無關，那這整個事件不但失敗，也會損害彼此的關係。員工提出的每個問題，都值得我們認真回答。他們必須感受到自己的意見和作為得到我們的尊重。

這些會議還提供另一個目的，讓團隊衡量我，直視我的眼睛。我熱切希望有更多員工在藉由媒體認識我之前，先見過我本人，所以我對外一直相當低調，這讓一些記者頗為挫折。（有趣的是，斯利姆元帥並沒有公關部門，這讓他感到寬慰。「如果一名指揮官是明智的，他會讓自己的部隊在媒體及其他小道消息公開之前就已經認識他。至於宣傳，最有幫助的時間可能是之後了。」)

第一輪大會令我筋疲力竭。我感覺整個領導團隊好奇地凝視、評估我，細心地留意和分析我的演講內容是否有絲毫的矯揉造作。我其實不擔心自己不是一個很有魅力的演講者。比較困擾我的，是我不但必須一直在這些會議上開誠布公地透露很多我的事業野心，還要赤裸裸地呈現我是個怎樣的人。如果這個人不是成千上萬的經理人所希望跟隨的，那我會很沮喪。雖然令人頗感不安，但我很快就知道，除了完全誠實，沒有其他辦法。你必須讓大家認識你，並判斷你是否值得他們信任，而大會就是最好的管道。斯利姆元帥認為他的演說有兩個重點：「首先，你要知道你在談論什麼；第二，也是最重要的，你要相信你自己。」幸運的是，我兩者都可以做到。

然後，我們要求經理人告訴他們部門的員工有關這場會議，以及我們即將嘗試做的事。我們從不告訴他們要說些什麼話：這由他們決定，只須說出自己的感受。這聽起來不太可能讓數千名員工萬眾一心。通常情況下，公司總部的「內部溝通」部門會負責為經理人準備報告和備忘錄，讓他們分配給各自帶領的部門同仁。這種方式將破壞我們這次行動的整個目的。我們的團隊必須用自己的話，來表達我們試圖實現的是什麼目標：那必須是他們的計畫，而不是我們的。結果，這個運作情況非常良好。每當有外部人員訪問特易購，他們後來的評論總是說，不管他們與特易購什麼階層的哪位員工交談，我們的員工都很清楚公司的大方針。大會開始發揮功效了。

大會不但改善總部店經理與分店之間的溝通，也改善了分店本身。當管理者發現這些會議有效能，他們更願意花時間找屬下談一談，並協助拓展這種面對面溝通的習慣和明顯的領導作風。管理者每天在商店、倉庫和辦公室，都會簡單扼要地與各團隊領導人談話，這些團隊領導人再跟他們的小團隊談話。我們把這些會議稱為「五分鐘團隊會議」，因為只花了五分鐘，而且站著就可以開會。這些五分鐘的會議意義非凡，大家都知道接下來要做什麼，也知道自己參與其中。即使在現今即時通訊的時代，經理人寫一封沒有意義的電子郵件也會超過五分鐘。

隨著業務增長，大會在世界各地展開，從伯明罕到布達佩斯，甚至到曼谷。不可避免的，根據不同國家的文化，每個地方的大會都有些許的不同。在一些亞洲國家，尊重、謙恭有禮和順從，是禮儀的一部分，這很難得，因為英國有很多不拘小節的人很難做到尊重。我們在世界各地的團隊會因地制宜，來解決這個問題，讓員工有賓至如歸的感覺。

當我卸下十四年的執行長職務時，我在面對面大會看過的管理者，總共約有一萬人。他們當中有許多人，是我們開第一次大會時的元老，所以那種感覺就像是我們共同經歷了一趟旅程。我們都記得一路走來的跌宕起伏、錯誤、興奮之情，以及試圖找到前進方向所冒的風險。不但拓展了視野，也讓我們擁有歸屬感和當主人翁的感覺，這是每個人辛勤工作的成果，不管他們做了什麼，或幫助我們實現了哪些特別的目標。辛勤工作本身，就有助於一個人對其貢獻感到充實與滿足。多年前一次會議上的野心分享，在幾年後一一付諸實現，這不但是我們事業的一大部分，更是顧客生活的一個重要部分。無論是特快專賣店，或擴展到亞洲市場，每位員工都對我們所做的事情開始感到自豪：「我在那裡，我參與其中。」

根據你的價值觀行動

如我之前提到的，特易購的價值觀之一是「特易購待客如己」。這幾乎是一種尊重別人的通用代碼，是世界上每一種文化和宗教都認同的價值形式，而且在日復一日的過程中，奉行這個價值觀是相當簡單的事（不過，你是否能言行如一，則是另回事）。基本良好的舉止、平等對待每個人、讚美和批評兼施、傾聽和指教兼具，這些都是為了建立個人的信心和價值感，並創造一個大家可以共同分享理念、解決問題，以及邁向成功的工作場所。

與其他價值觀一樣，我知道光是「特易購待客如己」並不能成為唯一支配我們如何對待別人的準則。價值觀對事業代表的意義，在於它必須是任何重大決策的首要判斷基準，必須領導企業本身。唯有當公司團隊看到管理的理念與實踐一致時，他們才聽得進去，並改變作為。說比做更容易，尤其當你必須做一個重大的決策，而其中涵蓋競爭、合法的商業問題，以及一些價值觀上的衝突時。就像政治家一樣，管理者也同樣立意良善，但一旦遇到財務或其他方面的壓力時，往往就會忽視原本的願望。其中原因之一是，雖然現在有很多發達的金融措施，可以引領管理者做長期的決策，但當中很少是基於文化的價值觀。這很讓人遺憾，因為在更廣泛範圍內所做的、且基於明確價值觀的金融判斷，就長期來說，通常會導致更好的收穫。

對我來說，這一切變得很明確，尤其當公司的退休金制度慢慢確定，而且悲劇性地消失了。退休金這個詞，可能讓人聽了想打哈欠，眼皮不禁緩緩闔起。對任何三十五歲以下的人來說，退休離他們似乎還有一輩子那麼遙遠，因此那並不是他們當前的急務；但對於任何接近退休年齡的人來說，退休金想當然爾是他們養老的重心。然而，無論是剛開始工作或是接近退休年齡的人，只須看雇主如何幫助他們為老年做準備，就可以明瞭雇主是怎樣的人。就像你可以從一個社會如何對待老人，來判斷這個社會的價值觀一樣，你也可以從一家公司如何協助員工籌備退休金，來判斷這家公司的價值觀。

由於特易購渴望做到「特易購待客如己」，所以退休金制度必須滿足員工所期望的公平「待遇」。到二〇〇〇年，我們的制度和許多公司一樣，面臨嚴重的問題。這個制度成立於一九七〇年代，是根據員工最終薪資計算的退休確定給付制④，也就是退休金者在退休的時候，將從特易購獲得他們薪資一定比例的退休金。與其他英國公司一樣，豐厚的投資報酬率和相當低的員工退休給付額，不只使退休金制度有良好的經濟效益，也是讓員工儲蓄的一種理想方式。員工自己給付一些薪資額度，特易購相對給付一些款額，然後由公司管理這份基金。這些制度成為常態，這大略是我們員工對「特易購待客如己」的基本預期。

這些制度的成功，導致它們之後被淘汰，因為許多制度造成資產過剩，超過負債。歷屆政府都渴望能限制這些制度享有的稅收減免，便限制各制度資產過剩的金額。然而，令人覺得奇怪的是，這意味著減少退休金的給付，反而變得比限制盈餘更節稅。

然後，就在這些制度的全盛時期，也就是一九九〇年代中期，公司和員工停止繼續給付退休金時，一些問題開始浮上檯面。例如平均壽命變長，這表示這份資金將不得不支付比保險精算師所估計的額度更多的錢給員工（特易購的退休金制度於一九七〇年代開始時，員工工作十一年便可以退休，現今則是二十年以上）。低通貨膨脹，意味著退休金制度的負債，也就是該制度在未來幾年必須支付更多退休金，從退休資金中挪出更多的錢。與此同時發生的還有下滑的股市。股市比過去近十年長期平均的表現遜色許多，連帶使得退休基金的投資報酬受挫。雪上加霜的是，政府還改變了稅制，使得這些制度更無法多節稅。他們還推行一系列立法來保護人民的退休金（在發生了幾起退休金的醜聞之後），這使得退休金的給付變成更昂貴的負擔。上述這些發展都對退休金制度構成重大挑戰，而全部加總在一起，則使得原本是公司福利的退休金，變成不符合經濟原則。

我預計會發生、也確實需要的，是一個有關長期儲蓄的辯論。相反的，之前由公司確定給付的退休金制度備受稱讚，突然變得不受歡迎。一些公司逐步宣布停止確定給付制，取而代之的是確定提撥制，在某些情況下，甚至沒有任何制度。情況愈演愈烈，很多公司開始跟進。

確定提撥制，把公司（通常是經驗豐富的投資者和管理者）的負債，轉移到對投資或管理退休金沒有太多經驗的個人身上。如果由支付自己退休金的個人來管理退休金，不確定的報酬

④譯註：雇主提供的退休基金，依責任及提撥型態，又分為確定給付制及確定提撥制兩種。

率可以提升到三〇至五〇％。因此，這種制度轉移的後果之一，便是退休金的價值下降。另一個則是員工的忠誠度下降，因為他們會覺得奉獻心力的公司，不再關心他們的退休問題。

英國最大的私人雇主特易購，也跟其他公司一樣，受到這些挑戰的影響。顧問們說，我們應該隨波逐流，加入其他公司的行動，尋找出口。但董事會不同意。相反的，我們決定修改我們的確定給付制，從基於員工最終薪資的計算方式，改成基於員工職業生涯的平均薪資。該制度的成員退休時，仍然會有確定給付的退休金，但雇主的成本將更可預測，在某些情況下也會小幅減少。

我們跟大多數公司採取不同的方式，有幾個原因。特易購全體員工一直都是自動被納入退休金制度，所以絕大多數員工都是退休金制度的成員。因此，我們的退休金並不是一些資深員工的額外津貼，而是與每位員工都有利害關係、也是他們感興趣的。此外，我們的董事會同時擔任長期任職的執行主管（與公司一起成長，很容易被員工認同）和獨立董事，他們都明白，特易購的退休金福利制度有個長期的好處，它讓一些比較低薪的員工，可以共享公司獲得的成功與利潤。因此董事會一直認定，退休金制度是特易購文化重要的一部分，它不但獎勵員工的忠誠度，更提高員工工作的士氣，以及同舟共濟的決心，這對特易購所有品牌的成功，可說是至關重要。

最重要的是，從確定給付制轉變成確定提撥制，我們認為會損害到企業的價值觀。這是一個從管理到員工責任的大轉變，除了公司的退休金制度外，許多員工都沒有長期儲蓄的習慣。

話說回來，我們也知道必須改變：不能再像以往那樣繼續下去。所以我們認真探討這個問題，承認它是個嚴重的問題，並像面對其他任何商業問題時所具備的信念一樣：**如果這個問題迎面而來，就表示它可以被管理**。

我們與員工分享這個問題。每年都提供更新的退休金成本，並請員工配合其分額而增加。一些資深職員繳交比自己分額更多的錢，因為他們相信公司極力做到最好，而且他們相信這樣做比別的方式來得好。

發生的這些問題和許多其他制度的中止，其實對我們有某種意義的幫助。以前，員工可能都把這些利益視為理所當然，現在，他們更加肯定它的價值，而且跟我們一樣具有決心，看能否透過我們的方式來管理問題。在就業市場上，公司如果能提供一個良好的退休金制度，會形成比以往任何時候都更有競爭力的優勢。這證實了我們的價值觀有它的意義，因為當特易購可以輕易跟隨別家企業的腳步時，卻選擇走出自己的路。

我們把退休金制度管理得愈來愈好，以至於管理成本實際上隨著時間的累積反而下降。我們花更多的心力關注這個問題，聘用更好的人才管理這個制度，結果這個方案運作得非常良好，帶來很好的報酬率（以及一些在行業中最低的管理成本）。

我們也繼續投資於股票，這當然有一定的風險，但也有較高的利潤。商業，就是一種跟風險有關的行業，而退休金計畫只是另一個商業風險。想要藉由投資無風險的資產來免除風險，是違反直覺的。最「風險規避」（risk averse）的退休基金，報酬率低，卻導致最大的風險，最後的結果就是關閉這筆基金。

今天特易購給付的退休金，占了全英國私人企業的二〇%，但它其實只雇用了一%的人力。這對一家企業來說，是很可觀的比例。以相同的退休金提撥額來做比較，特易購的員工可領到別家企業員工兩倍半的退休金。如果我們當初採用不同的制度，我很懷疑我是否還能直視著員工說：「我們活出了我們的價值觀。」當時那是個很艱難的決定，尤其短期內的財務費用高達數百萬英鎊，但它是一件正確的事。

不同的文化，共同的價值觀

然而，我們的價值觀如何改變了特易購的文化，只是特易購故事的一半。**我們的價值觀也改變了與顧客的關係**。普林格（Hamish Pringle）和戈登（William Gordon）在他們合撰的著作《品牌風格》（*Brand Manners*）中，剖析了這層關係。他們說，交易涉及四個不同的層面：包含理性的經驗，也就是正在進行的事，「它甚至比我預期的更好」。然後是情感的體驗，也就是我們的感覺，「我想再做一次交易」。還有政治經驗，也就是為什麼它適合我們，「這對我來說是好的交易嗎？」最後是精神體驗，也就是它會引導我們去的方向或「結果」，「為此，身為人的感覺好多了，世界也可能因此受益。」[5]

一個強大的品牌，必定具備足以吸引顧客的各個層面的價值觀，而且這些價值觀必須讓顧客從品牌中體驗而來。我們的價值觀必須是特易購本身的價值觀，純粹而簡單，這也是我們的工作與管理方式。我們必須做的，不單單是同意這些價值觀，還要體現它們，並動員成千上萬名的員工日復一日共同實踐，如此一來，客戶每一次接觸特易購品牌的經驗，都會挑起他們積極的理性和感性的反應。

鼓勵人們採取某種行為方式，目的是希望給予他們更多的自由和自制力，使他們能夠自信地成長，並採取主動。成功的組織都知道其中的平衡點。他們專注在重要的事項，並設定明確的期望，什麼是可以接受的行為，什麼是不能接受的行為，無論是在員工之間或與顧客之間的關係。員工被授權得以主動處理顧客的事情，這樣他們才能快速回應顧客的需求。而管理制度則透過培訓和培育人才，支持團隊提供協助。

這一切，對特易購的賣場代表了什麼意義？我們將之總結在這句話：「**在細微處看見服務**」。我一直把這句話當做是跟顧客介紹我們價值觀的一句話。我們的內在價值：「特易購最用心服務顧客」，藉由「在細微處看見服務」的理念獲得闡釋。特易購做了很多微小但重要的事情，目的是讓購物這件事從價格到品質、創新，對顧客來說都更加輕鬆便利。這些小事情對顧客的重要性，較偏向在情感層面，而不只是理性層面。一趟「輕鬆、便利」的購物之旅，不單只是節省時間而已，它也節約了能源、減少了麻煩，以及省卻一次「糟糕的經歷」。

當「在細微處看見服務」後來更廣為人知時，便加強了員工心目中對「特易購最用心服務顧客」的核心價值觀。我們的價值觀只是簡單的一句話，並沒有繁瑣的規則和法規，但它們總結出一套行為和抉擇的準則，得以管理大多數的情況。在匈牙利特易購的經理人，不須打電話到總部的辦公室，詢問他是否應該改變某項產品的規格，或是採購某個新品牌的洗髮精，因為：**只要是顧客想要的，他們都應該設法做到**。如果韓國的特易購有員工對同事說話不敬，該店的店經理不須大費周章解釋為什麼這麼做是錯誤的行為，因為我們的價值觀說明了一切。

全世界的人，無論是什麼信仰或種族的人，都認同價值觀和事業必須緊緊綁在一起。

話說回來，即使價值觀是放之四海而皆準的，並不意味著管理者可以隨意運用本國的文化告訴員工「這些就是我們的價值觀。」我們不能盲目地運用普世的價值觀，不能沒有覺知到文化的差異。一家公司的文化和價值觀，如何從世界的一個角落轉移到其他地方，當中的過程並非那麼簡單直接。許多公司即使是成功的企業，也可能從來不曾在世界其他地區複製他們在國家市場上的實力。他們很快就會發現，永遠不會出現在他們海外擴張計畫上的文化差異，實際上卻是非常重要的問題。成千上萬名員工銷售商品及服務給數以百萬計的顧客，他們的所有經驗、品味及價值觀，都是由自己的地方文化和背景所塑造。

在所有的市場和行業中，食品銷售可說是最容易受到當地口味和文化的影響。你吃什麼，你就是什麼；你的口味、文化和背景，在某種程度上體現在你的飲食，以及你如何料理食物。週日為家人準備的午餐，是微波爐快餐，還是一場精心設計的晚宴；每個地方的口味，塑造了食品零售業。這也許可以解釋為什麼全世界只有十幾家跨國的食品零售商：家樂福、麥德龍[5]、阿霍德[6]、阿爾迪[7]、利德[8]、施瓦茨[9]、佳世客[10]、德爾海茲[11]、卡西諾[12]、沃爾瑪、好市多，當然，還有特易購。這些是少數在國際商場長期努力不懈的零售業者。

相對來說，特易購算是較晚起步的。家樂福從一九七〇年代開始，就已經在法國以外的地區經營，特易購直到一九九〇年代中期都還沒有拓展至國外的經驗，而且還有另外兩個失敗的嘗試：一個是一九八〇年代在愛爾蘭，另一個是與法國一家小型企業的合作，在一九九七年已賣掉了。

英國只占全世界國內生產毛額（GDP）的三%。❻無論你的公司在這個市場上多麼成功，如果你對於在世界各地發生的事情充耳不聞，你的公司永遠無法成為世界領先的公司，更不用說是保持領先了。所以，當我成為執行長時，我覺得有必要再次嘗試成為國際性的零售商。由

---

⑤譯註：Metro，德國最大、歐洲第二、世界第三的零售批發超市集團，是德國股票指數DAX的成分公司，世界五百強之一，分店遍布三十一個國，總部位於杜塞爾道夫。

⑥譯註：Ahold，荷蘭的國際集團，旗下擁有多家公司，以各自的品牌經營食品零售業務及提供飲食服務。

⑦譯註：Aldi，德國折扣超市，見前文。

⑧譯註：Lidl，德國折扣超市，見前文。

⑨譯註：Schwarz，目前德國第三大食品零售集團。

⑩譯註：Jusco，或譯成吉之島，是日本永旺集團旗下的連鎖零售集團，在日本、香港、中國大陸、泰國及馬來西亞等地開設的綜合購物百貨公司及超級市場。

⑪譯註：Delhaize，比利時一家專門從事食品和日常用品買賣的跨國零售集團，大部分商店是超級市場。集團在全球十一個國家、三大洲都有分店。

⑫譯註：Casino Group，法國大型零售連鎖通路集團，旗下有量販店、大型超級市場，及位於市中心的高檔超市、平價超市等。該集團也拓展至中南美洲及泰國、越南，約有兩千兩百家分店。

於體認到起步較晚，於是在一九九六年起草一份國家名單，這些國家都還沒有發展出強大的本地零售商，但前景看起來不錯。我們馬上就有兩個發展計畫：位於歐洲中部的前共產主義國家，它們只是新興的消費市場；以及亞洲四小龍，之前，四小龍的經濟成長來自製造業的出口，但現在已經成為消費市場。在亞洲部分，我們先集中在韓國、泰國、馬來西亞和台灣，至於更大的中國、印度和日本，則放在比較後面。

韓國是所有這些市場當中最大的。任何人都可以想像得到，對一家除了國內市場以外，幾乎沒有其他國家經驗的英國超市零售商來說，在韓國投資的前景，勢必是文化傳遞上最極端／極限的測試之一。

韓國有著悠久而光榮的歷史，過去經常面臨領土更廣大的強鄰中國和日本的挑戰，在孤立的狀態下，有時必須為了維護國土的獨立及其獨特的民族性而戰。它的近代史尤其不平凡。南北韓戰爭之後，韓國分為北韓與南韓，北韓留下滿目瘡痍，人民飢餓不堪。據估計，這是全世界第二貧窮的國家。南韓幾乎是憑藉著超人般的努力，以及集體的國家意志在重建經濟，藉由家族式的企業組織，發展成製造業出口，追隨鄰國日本的經濟成長模式。

一九九〇年代後期，南韓雖然已是已開發國家，自由民主制度也頗為成功，但西方世界對它還不熟悉。儘管那裡消費者快速增長，但國外直接的投資者還滿少的。即使是擁有豐富國際經驗的跨國公司，例如雀巢（Nestlé）和聯合利華（Unilever），在那裡的業務發展也很有限。一些對外國公司投資的正式和非正式限制，向來保護著他們本國企業的發展利益，直到他們有能力跟跨國公司競爭。即使國外投資者很罕見地克服了南韓的限制和障礙，他們通常遇到的是很爭強好勝的當地競爭者，以及當地支持本地企業對抗外國入侵者的強烈社會規範。我們不只一次被勸誡說南韓太強悍、棘手了，我們應該試試別的國家。

在一九九七年的亞洲金融危機中，南韓受到的衝擊尤為嚴重。該國龐大的家族企業，已經變成負債累累、捉襟見肘，國際貨幣基金組織介入，此舉引起他們強烈的民族恥辱感。南韓政府告知這些負債的公司專注在自己的核心市場，並抽離他們過於雄心勃勃的市場投資，而國外投資者則被鼓勵買下南韓拋售的公司。

韓國最大的公司可以說是三星集團，它旗下的產品無所不有：紡織、建築、電子、汽車製造、銀行。鑒於南韓新崛起的消費者，三星早已正確體認到零售業是一個策略性增長的產業，所以決定從零開始創建零售事業。這些是好預兆。畢竟，南韓在不到二十年的時間內，已經從一個漁村蛻變成世界上最大的造船廠。三星的野心，與他們的驅動力相輔相成。他們走訪世界，從美國、歐洲和日本延攬最優秀的人才，然後開發一家高檔規格的百貨公司，以及大型規模的綜合超市，取名為樂天購物中心⑬。一九九七年金融危機來襲時，他們各開了一家這兩種規模的店。現在（本書撰寫期間），他們悄悄開始尋找國外合作夥伴來照顧他們羽翼未豐的零

⑬ 譯註：Homeplus，簡稱樂購，南韓第二大零售業；後來八〇%的股份賣給特易購。

售業務，以便能夠專注於電子、建築及金融業。

三星零售業務的負責人李紹鴻，思考著世界上哪一家最好的零售商，可能是他們合適的合作夥伴。特易購不在他的名單上，但桑斯博里超市卻是。我們聽到這個消息後，試著與他聯繫。我們或許才算剛起步，但目標很明確，當其他零售業者退縮時，我們卻準備在南韓冒險。因此，經過各種討論後，我們成為三星選擇的合作夥伴，並買下他們在韓國八〇%的業務。事實證明，最好的機會不僅會出現在困難的時期，患難中的友誼也較能維持，因為彼此已經互相信任對方。

雖然特易購獲得了八〇%的經濟利益，這仍然是一個合資企業。三星繼續存在，對我們至關重要。我們以前有一些合資企業的經驗，但沒有和韓國合作的經驗。因此，當有很多經驗豐富的人士告訴我們這整個合資企業不是什麼好主意，而且接下來很多年一定會在掌控上有所衝突時，一點也不奇怪。但結果證明，他們完全錯誤：這個合資企業是完美的組合，它使我們能夠與韓國的企業文化合作及融合，而不是走傳統的路線，把我們熟悉的西方商業文化強加其上。我們也聘請了學術界對合資企業很有研究的專家，並盡一切努力學習如何讓它成功。

我們學習到的道理很簡單：讓人值得信賴、尊重合作夥伴、達成共識及共同的目標、確定互補優勢，以及將這些綜合納入到我們的合資企業。這當中，**信任是最重要的**。西方企業有一種傾向，就是不太信任不熟悉的人和地方，對亞洲的態度就是一個典型的例子。缺乏信任感，可能會破壞任何關係，特別是在亞洲，因為亞洲人高度重視信任這項美德，而且在各方面通常都是有來有往。尊重，在亞洲同樣備受尊崇，因為那是聆聽和學習所需要的謙卑。

南韓的管理團隊對於我們給予的信任和尊重，反應良好。他們想創造一個世界級的零售業務，那將成為南韓現代零售業的模範。所有我們必須做的，就只是同意、支持，以及協助。我們一直扮演指導者的角色，而不是控制。這條路上，總是避免不了有些顛簸，例如，我們用自己的信息系統（IT system）替換他們原有的，顯然對他們的自尊和威望有點打擊，但是當他們後來察覺到新系統的好處時，立即感覺對團隊有所貢獻，彼此的信任感也因此再次建立。

我們聘用的許多南韓管理者，素質比西方零售業所能吸引到的人才更高。不過，他們對零售業沒有經驗，所以我們鼓勵他們多做顧客研究，並多專注在消費者身上。會員卡很早就推出，為的就是蒐集數據，更了解顧客。這有助於我們改進產品和服務，並開始創建自己的品牌。藉由引進順暢的零售流程，零售業的生產率提高，而中央物流的建立，則是為了連接供應基地與商店，提高經濟規模。

商店的規格由韓國人設計，是一棟三層樓高的迷你購物中心，裡面有大型綜合超市、美食廣場和小間一點的商店（其中有多間精品店），在購物中心的上面或下面還有三到四層樓的停車場。這樣的設計，在一小塊土地上的垂直建築物，反映了多山的南韓有限的土地面積；南韓有超過一半的人口，居住在高層公寓密集的大都市❼（南韓的首都首爾，是全球第二大的大都市區，有兩千五百萬居民，超過南韓總人口的半數。雖然首爾本身只占全國〇・六％的土地面積，但它的國民生產毛額卻占了南韓的二一％）❽。

對於這個精心策畫的空間，我們沒有做多少改變，除了讓購物走道的動線更順暢、產品的展示功能更強，以及研究商店的地點（有助於將來選擇其他新分店的位置）之外。我們也推出了廣受歡迎的特快專賣店，這是高密度人口地區的理想選擇。最後，我們開始建立一個全球性的系統平台，來我們所有幕後的操作過程。

這些改變並不容易，而且我們不能強迫執行。我們的價值觀，特別是「特易購待客如己」，帶領著我們前進：我們必須共享資訊、團隊合作，而且除了教導之外，也要盡可能聆聽。一旦授予當地的團隊領導權和自主權，你不能動不動就冒險用自己的看法破壞它們。我們應該做的是顯示出，如果他們能夠實行我們覺得應該改變的地方，事情將會運作得更好。

漸漸的，隨著信任的增長，自負的韓國團隊體認到，特易購在零售業擁有一些有用的技巧，可以提供一些建議和指導，特別是在各項系統和採購方面。他們也喜歡我們提供的改善方法。我們向來都很小心，我們對一些特定議題或問題的解決方法比他們好，這必須是他們自己得出的結論（即使我認為我們的解決方案是世界上最好的）。當然，事實上，中心並不總是正確的，英國並不總是最好的。每個部門或每項功能，證明他們處理事情的方法是一流的，否則他們要獲得採用的確得花一番功夫。韓國人描述特易購與他們之間的發展，並不是父母與子女間的關係，反而更像是兄弟間的手足之情。

我們也從韓國人生活的方式學到了很多。簡單說，特易購的英式管理，始終對待人如同顧客般的尊重，全心而簡單。畢竟，我們的核心價值是「特易購最用心服務顧客」。然而，韓國對待人，則是顧客及一般民眾兩者身分兼具。對他們來說，個人和集體是不可分割的，這是因為當年南韓在重建時，需要巨大的集體力量同心協力，個人則被納入集體的需求之中。

顧客也是民眾的這種意識，體現在我們的商店中。在每個樂天購物中心三層零售樓層的上方，還有額外的樓層，做為社區教育文化中心提供民眾使用，由樂天負責安裝設備和經營。樂天購物中心開業時，當地居民都獲邀成為文化中心的會員。成千上萬的人報名了年度為成人及兒童規畫的課程，包括：英語、電腦、芭蕾舞、繪畫、育兒、手工藝品製作等，總共有超過四萬門的課程。通常在一家購物中心，每一季有四百個班，共有一萬名學員。到二〇一一年，南韓各地已有一百一十個中心。

因此，我們看到樂天購物中心的作用：它服務了所有的人，包含顧客、市民、社區成員。當我們詢問韓國同事對這項活動的企業理念時，他們陷入沉默。這其實是人自然會想做的事，是人的本性。

當然，我們也理解，樂天購物中心的文化中心，很難在英國或美國複製。韓國人對於教育程度和自我提升這兩方面，有一種無法感到滿足的渴求。在他們家庭的平均支出中，大約有一五%的費用花在教育學習，幾乎跟花在食物上一樣多。[9]可見從他們非常重視教育，競爭也很激烈。

這也跟員工的個人背景有關。雖然南韓是一個已全面開發和成熟的自由民主國家，但是在某些方面仍屬於保守主義者，其中之一便是女性在職場中的地位。女性結婚後，便被期待要放棄工作。雖然這個習慣正在慢慢改變，但仍然有許多婦女有時間、也有對學習的渴望，無論是為了自己還是孩子。

儘管如此，我們了解到，在樂天購物中心體現的一些價值，不只是對韓國來說是獨特的，即使是在個人主義興盛的西方世界，人們也想知道特易購對他們的社區做出什麼貢獻，以及為身為個人消費者的他們又做了些什麼。因此，我們從根本上改變整個策略和做生意的方式。直到此時，我們的方向盤，也就是我們所運用的方法、設定的目標，以及最後如何實踐（在第六章會討論），只包含四個部分：顧客、業務運作、人員和財務。現在，我們增加了第五個成分：社區，我們將對這個更廣泛的範圍做出貢獻。我們把它當做業務的重心，以確保我們對它與對其他的業務領域，採用相同嚴格的紀律和措施。永續發展、教育、飲食、健康，以及對當地社區的支持，現在是我們名單上的優先次序。這些也是特易購在世界各地服務的共同主題，即使當中有些細節在每個國家都有些許的不同。

樂天購物中心在韓國已經愈來愈壯大，從一開始只有兩家店，發展到現今已有三百七十七家門市，市占率持續增加中。樂天現在是南韓第二大的賣場零售商，二〇一二年將設法贏得挑戰成為第一。這種成長教導了我們，文化的傳遞很不容易，尤其是在零售業，但它非常重要。只要到海外投資，就必須帶著公司的價值觀一起去，它們是企業的本質。但是，你必須小心翼翼地運用這些價值觀，與當地的傳統融合成一種文化。最重要的是，你的企業文化必須很開放，足以允許關鍵性的變化、汲取新的國家及文化經驗，並藉此更加壯大，但也要始終對自身的價值觀抱持堅定的態度。

用價值觀讓組織轉型

價值觀，現在已經成為每個企業傳播⑭的部分門面。高薪的顧問創設這些價值觀之後，就撒手不管了，留下管理團隊自行「完成」。然而，**價值觀是成功的關鍵，沒有它們，企業就沒有靈魂、沒有指引方向的指南針**。清晰的核心價值，設定了良好的行為框架，那是一種紀律，以及讓群眾感到安心、安全的環境。

公家機構也與私人企業一樣需要有價值觀。然而，公家機構的價值觀比較僵化。成千上萬名的公務員擁有相同的職業，來自同一種召喚，但當中很少有人真正明瞭驅動著他們組織的專業價值觀為何。很多時候，大官僚主義用一堆目標、命令和規定，窒息了這些價值觀。

談到教育，學校就像公司，通常是藉由量化的表現來評估：考試成績、出席狀況、考上大學的學生人數等等。這些粗略的數據，並不能反映出支撐它們的特質：一所學校的價值觀和信念，只能藉由個人的經驗來判斷。那些已經大幅改善的學校，往往是受到新的價值觀驅動，才得以成功轉型。

⑭譯註：corporate communication，指透過企業對內對外的交流，提高整體知名度和公眾形象。它不但包含企業對外的廣告宣傳營運，也包含內部的溝通。

英國莫斯本學院（Mossbourne Academy）是一所公立學校，位於哈克尼（Hackney），倫敦最貧困的地區之一。它是新的學院，就蓋在被認為是全國最糟糕的學區中。許多學生來自貧困家庭，大部分是少數民族的後裔，而且英語都不是他們的母語。這所學校附近的環境很糟糕，幫派群聚、持刀犯罪和毒品交易就發生在自家門前。儘管如此，莫斯本具有優秀的學術成果，學生經常在英國一些最好的大學獲獎。

顯然，學校的前任校長邁克爾（Michael Wilshaw）爵士很會鼓舞學生，我猜想，他一定也有優秀的教師。然而，這學校引人注目的地方，是它有很明確的價值觀及紀律。學生每節課開始前都要先念誦一段禱文，它結合了行為的宗旨和規範：「我渴望保持探究的精神、平靜的性情，以及專注聆聽，這樣，我在所有的課堂中，才能發揮我所有真正的潛力。」[10]那些不守規矩的學生，當天放學後會被校方拘留一個小時；行為嚴重不檢的學生，星期六上午則會遭到三個小時的拘留處罰。所有的學生都必須穿校服、打領帶。學生的頭髮太長或太短，或者穿了不合規定的鞋子，都會被送回家。所有的教師都被稱為「先生」或「小姐」，而且當老師走進教室時，全班學生都要站起來。

紀律（稍後我會再談論這個議題）所反映的尊重，並非只是礙於權威，而是對別人的尊重。它為學生創造一個安全、穩定的學習環境。「我們有很多孩子來自不完整、混亂的家庭」邁克爾校長說，「我們必須在他們的生活中建立更多的秩序，讓他們的生活更有條理。沒有精確紀律的學校，最後通常會變得一團亂，職員對於什麼是可以被允許的行為，也會看法不一。」

這讓我回到了我的出發點。明確的價值觀，讓人有清楚的紀律與秩序，無論是在職場或是在學校。人們都知道自己的立場，以及對別人的期望，無論他們是同事、同學或顧客。這將創造一個穩定的環境，培養信任感，讓人可以更容易把事情做好。接下來我就要來談這個主題。

參考書目

❶ 出自《政治的腦：理性在決定國家命運時所扮演的角色》（*The Political Brain: The Role of Emotion in Deciding the Fate of the Nation*），作者衛斯登，Public Affairs出版，二〇〇七年出版，見第15頁。

❷ 出自《轉敗為勝》（*Defeat into Victory*），作者斯利姆（Slim）元帥子爵。見第184頁。

❸《四面安全來自這裡》（*Quartered Safe Out Here*），弗雷澤（George MacDonald Fraser）著，HarperCollins出版，二〇〇〇年，第52至53頁。

❹《轉敗為勝》，斯利姆元帥子爵著，第186至187頁。

❺《品牌風格》（*Brand Manners*），普林格（Hamish Pringle）、戈登（William Gordon）合著，John Wiley & Sons Ltd出版，二〇〇一年，第3及第36頁。

❻ 請見http://www.pwc.com/en_GX/gx/world-2050/pdf/world-in-2050-jan-2011.pdf

❼ 請見 http://kostat.go.kr/portal/english/news/1/1/index.board?bmode=read&aSeq=245048

❽ 請見http://www.lmg.go.kr/2006iaescsi/generalinfo/seoul.asp

❾ 請見http://kostat.go.kr/portal/english/news/1/7/index.board?bmode=read&bSeq=&aSeq=252523&pageNo=1&rowNum=10&navCount=10&currPg=&sTarget=title&sTxt=

❿ 出自英國《衛報》（*The Guardian*）二〇一〇年一月五日報導，以及《每日電訊報》（*Daily Telegraph*）二〇一一年八月十六日報導。

｜第五章｜

行　動

一旦擔心某些事情可能出錯時，
通常就是該採取行動的時候。

光有企圖是不夠的。如果不能有效地執行，就等於沒有計畫。

「要把事情搞定，真的這麼難嗎？」政客常常這麼抱怨。上台演說、贏得選舉、宣示政策是一回事，但要把那些花言巧語化為現實又是另一回事。商業界的經理人不必發表什麼演說，也不用參選，但照樣會有那種力不從心的無奈感。「我們一個月前就決定要推動這項措施了，但為何什麼事情都搞不定呢？」他們以為做出要進行或改變某些事情的決策是最困難的部分，因為必須經歷一些不是很痛快的討論和爭辯。這些事情或許有其難處，但最難的還是在於真正執行。

一個迴盪著喧囂、混亂與困惑的組織，會碰上各式各樣的考驗，其中最艱難的是缺乏明確目的和策略，每個人興沖沖地想要「做些什麼」，誤以為只要做出點事情就算是有所進展。要是決策的中心目的從根本上就是個錯誤，情況也是一樣慘。還有，「多頭馬車」式的組織也很糟糕，一個人人主導的組織就等於沒人主導。最後，有的組織只曉得開發產品或服務的流程和架構，而忽略提供客戶價值的廣泛核心目的。這種組織以為傑出的產品和服務才能造就企業的偉大，但事實正好相反，**只有偉大企業才能創造出絕佳產品和服務**。

光有企圖是不夠的。如果不能有效地執行，就等於沒有計畫。在一九二〇年代，奧斯汀汽車公司（Austin Motor Company）創辦人奧斯汀（Herbert Austin）複製福特的做法，建立一條生產線來製造汽車。問題是，奧斯汀公司的工資是以生產完成的汽車數量來計算，也就是「計件工資」。因此不管生產線的速度如何，工人們都會想盡可能生產愈多的汽車愈好。奧斯汀公司的工人回憶說：

> 你能工作的時間就那麼多，要是以平常的速度，每週只能賺兩英鎊，所以你一定會做得快一點，才能賺多一點。因此生產線剛開始時，速度是比平常快四分之一……後來又加快到一半，也就是每週可以賺三英鎊。等我們習慣那個速度之後，（廠方）會再提高速度……最後到了平常速度的兩倍。到了兩倍速度後，就不再提高了。速度不會再加快，也就不能賺更多。但我們做慣了之後，工作起來可是得心應手，所以我們會自己加快速度（讓車體移動得比生產線還快）到正常的兩倍半，也就是一週可以賺五英鎊，在那時候可真是賺很多啊。[1]

很好的計畫，很糟的執行。

我很贊同沃爾瑪（Walmart）創辦人華頓（Sam Walton）的說法：「我一向秉持作業員的精神，先把事情做好，再做得更好，然後盡我所能做到最好。」[2]要是在計畫的執行層面專注不懈，服務品質自然提高。**成功的執行取決於五個關鍵因素：明確的決策、簡單的流程、清晰的角色、健全的制度**，以及**紀律**。

把空談化為行動

我一向非常重視決策過程，確保大家都能尊重決策，而且根據決策來採取行動。不管是五十萬人或者只有五十人的組織，一旦有人在決策已定之後才說「我不同意、我不要那麼做」

的話，混亂很快接踵而至。因此，決策過程必須井然有序，而執行上的紀律也至關緊要。這不只是優秀管理所必須做到，同時也能在組織裡建立信任。雖然決策的當下，大多數人並不在場，但所完成的決定卻會影響到他們的工作生活，不管他們是護士或者櫃檯結帳人員。這些人都會想要知道，決策過程是否公正、公平且合理，他們的利益是否都被充分考慮照應。他們也必須明白，組織對他們的期望是什麼。決策隱晦不明會讓士氣迅速消沉，員工如果不曉得決策是怎麼做出來的，他們也會覺得自己人微言輕，再怎麼努力也無關大局。

做出決策或許要進行討厭的辯論，但一個優秀的決策其實要素非常簡單。一開始是要掌握事實，經由討論深入探究主要問題。接著是把所有要執行計畫的主要負責人找來，跟他們一起討論。這麼做有幾個目的。他們顯然會提供一些寶貴的意見。這個諮詢過程可以讓大家尊重決策——「我未必贊同，但至少可以發言」，讓他們樂於配合。同樣的，這個協商過程也會讓大家明白，如果不做這些事情的話會有什麼後果。不過到了某個時候，管理者必須說：「夠了，停止討論。做出決定，我們要這麼做了。」

決策一定要公開且透明地正式完成，而不是出自隱晦、曖昧或經由加密的電子郵件來傳達。要是議而不決，什麼事情都沒決定，抱著疑惑心情離開這場不順利會議的人恐怕多到令人咋舌。一旦有所決策，也必須持續不斷地在組織裡進行溝通，同時設定好檢討進度的方法，如此才能形成責任感，讓大家明白完成目標就能得到獎勵。

此時團隊也必須知道，在計畫執行過程中必定也會出錯。領導者一定要開誠布公，如果發現錯誤，計畫必須暫停，讓大家從錯誤中學到教訓再重新啟動。不能一味地指責他人，更不能相互推卸責任，這些情況都會扼殺積極主動，讓大家不敢提出新想法。

做出決定之後，要把執行要項和行動順序寫出來。這聽來有點多餘，但要是不這麼做，經理們和他們的團隊嘴上說：「我們都知道要做什麼。」實際上對於應該要做的事卻毫無共識。結果就出現許多人搶著做相同的事情，或者光做一些跟手上任務無關的雜事。

對於這個標示執行流程的基本紀律，有許多組織還是相當陌生。很多人覺得這種做法很無聊（也可能真的很無聊），也有人覺得應該做「顯而易見」的事情，因此也往往將紀律棄之不顧，認為時間該花在刀口上，應該用來處理那些「更重要」的事情才對。要是官僚主義涉入其中，問題就更複雜了。大家說是各司其職、各有專責，井水不犯河水，也就更難以建立一套從頭到尾的流程，他們既看不清全景，又不願意承認，只擔心自己的地盤。

把流程寫下來就能解決這個問題。把重點擺在流程上是必要的，搞清楚要採取哪些簡單步驟才能達成目標。但如果執行方法要問：「涉及哪些部門或團隊？」那麼整套流程似乎就不可能很簡單。例如，讓一罐牛奶上架，再進到顧客的購物籃裡，必然要牽涉到資訊部門、運輸和營運單位。當你在考慮「怎麼讓資訊部門參與其中」時，這個流程可能就變得讓人困惑。這種思考方式會產生一些障礙或問題，但它們跟這罐牛奶從牧場到收銀台的流程或許毫無關係。因此最好是把重點放在這罐牛奶從一開始到最後目的地的過程，牢牢盯住實際步驟，如此一來你就會明白哪個部分要由誰來負責。

這表示細節很重要，而根據思想家及作家斯邁爾斯轉述的故事，雕塑大師米開朗基羅也一定同意這個說法。米開朗基羅曾在工作室向客戶解釋，自從上次客戶來看過之後他又做了些什麼：「我又修飾了這個部分，這裡拋光打磨，那裡改得柔和一些，塑出那些肌肉，讓嘴唇多些表情，讓肢體更有力度。」客戶回答：「這些都只是細微末節而已吧。」雕塑大師說：「也許是這樣沒錯，但這些小地方全部加起來就是完美，而完美可不是細微末節。」❸細節也許會讓領導人和管理者覺得麻煩，特別是那套陳腔濫調總是強調要看見整座森林而非個別的樹。然而在設定流程時，領導者必須確定不管是整座森林還是個別的樹，包括所有的主幹、枝條都必須要有專人負責才行，而這樣的人才能夠領導整套計畫。

我從一些不太愉快的經驗學到，在擬訂計畫時不必要求所有細節絕對完美。要是你在設定新流程的時候就想要做到完美，你的雄圖壯志或許永遠不可能實現。你必須接受，一定會經歷一些嘗試、會有一些錯誤。也因為如此，你要避免一次做太多，也甭想一次就把它搞定。你可以想說，這就像是把水倒進一根管子，倒得太快、太急，水就會灑出來；但要是倒得太慢、太少，那又會浪費很多時間。流程的擬訂也是如此：你必須讓你的團隊動起來，又不能讓他們太緊張而發生太多錯誤，不然他們會因此喪失信心，認為計畫不可能成功。錯誤總是難免的。

擬好流程之後，你要趕快明確定出每個人要扮演的角色。這個人到底要做什麼？在這個流程中，他們跟其他人又有什麼關係？關於他們的工作描述為何？工作角色又是什麼？如果不這樣做，那些人只會做些不相干的事情，甚至是反其道而行，嘴裡直嚷著：「我們現在忙著做這個，沒空做那個。」

我們每年花費千萬英鎊、數萬小時來設定、衡量及評估工作職務，卻忽略整個組織體每天到底做了些什麼。管理者指著時髦漂亮的「組織結構圖」，上頭以圖表顯示哪個員工在哪個單位，卻不明白這些人實際執行的任務也許跟「工作描述」的毫無關係，這往往是因為也沒人搞清楚這些人應該要扮演什麼角色才對。這種狀況的危險是，這些人對自己的貢獻會如何幫助公司進步沒感覺，也就是說不能「融入」其中。因此，他們很快就會感到厭倦，一旦看到另一個職位比較有趣，就巧妙地修正自己的角色與之配合。而這種種狀況都會破壞組織架構，也會磨損士氣。

這種組織不自覺地從福利角度來看待「人力資源」，因為管理者不敢開除他們，只好把員工調來調去，或者這麼做是為了減輕他們對於地位的憂慮：「我的工作能力比他強嗎？」「我比他重要嗎？」為了扮演好人，大家都不願意說實話。但這種態度對誰都沒好處。要讓他們對自己的工作感到滿足，就必須讓他們知道自己對公司的進步有什麼貢獻。

這種管理不善的情況，全球各地的組織都可能發生，英國企業尤其多。對於直白地溝通而言，英語總是太客氣了，開頭常常是「很抱歉」或者「不知道你是否介意，我能否……」。我就完全不來這一套。我一向是單刀直入，因為我相信抱持著誠實而開放的心態必定有所回報。所以我不會旁敲側擊地繞圈子，我會使用直白的語言，告訴特易購的員工應該扮演什麼角色。而且我會盡量以坦誠的態度來處理他們的挫折：「我知道你想做佛瑞德的工作，但是現在這個才是你該做的。也許有一天你會去做他的工作，但現在你要做的是這個。在你能做佛瑞德的工作之前，你要先學會一些事情，而現在要你做的事就是其中之一。這件工作有時候可能顯得無聊，而且重複，但如果我們想要完成目標，還是得完成。」

為了確保坦率作風可以傳達到公司上下，我徹底重整人力資源部門，讓它得以融入特易購的整體營運。有些人擔心，改變人資部門的角色，也許讓人以為我們不重視人才的重要性。事實上剛好相反，正因為人員管理非常重要，因此不能只委由單一部門來處理，這是一家公司的基本功，也該是所有經理人的責任。擔任領導的經理們也不該把管理部屬的責任移轉給人資部。人力資源至關緊要，不該脫離整個企業體而單獨運作。此外，這個調整也讓管理階層不會再把公司人員視為抽象的結構，而是以他們從事的工作、扮演的角色來看待。

讓企業人員清楚明白自己該扮演的角色，知道他們跟企業目標的關係，你就得以藉此下放權力：每個人都知道自己要負責什麼，也明白該怎麼執行。你下放的權力愈多，公司就愈有活力，所需要的管理階層就愈少。這說來似乎容易，但真正以這種方式運作的組織卻是出奇的少。

比較常見的反而是那些大型且中央集權式的企業組織，管理階層疊床架屋，在資訊傳遞和授權要求上往往不能及時回應提供支援。這種傳統結構從銀行到公共服務事業都很常見，它們在許多方面也都會暴露出弱點。

首先，這種組織會剝奪最底層員工的積極主動和專業責任感，而那些人正是面對客戶的第一線。他們對特定問題具備直接經驗，也許知道該怎麼解決，卻沒有權力去做。結果那些問題反而送給高層，送去給那些根本沒有第一手經驗來處理問題的主管們。

這種情況當然不會讓人滿意，況且還有更不利的後果。事情如果成功了，是上頭的人接受掌聲與喝采，而底下的人對於成功毫無所感，萬一失敗了反而蒙受苛責。這真是莫大的錯誤。正如賴希赫爾德（Frederick Reichheld）指出：「擁有獨立自治的個人和小型團隊，讓他們可以分享到自己產能成長的好處，才是能夠持續創造價值的成功方法。」[4]試圖操控一切的大型官僚架構中，就不可能產生成功在我的感受。

耽溺於過多管理層級的組織還有一個問題，這種組織所創造出來的職業生涯結構可能造成人才配置的扭曲。擁有傲人頭銜、在總部中占有一席也許會讓人領略到一種價值感，卻也讓優秀人才局限於辦公室裡，因而遠離行動現場，那才是企業真正與客戶接觸的第一線。此外，太過膨脹的企業總部雖有許多聰明人才開發策略，卻可能迅速淪為大蜂巢，大家只忙著拉幫結派搞內鬥，反而忽略了客戶。此時的管理核心會由外轉而向內，只專注在本身的利害關係上。

在特易購裡，我們設定透明且非常扁平的管理結構，從櫃檯結帳助理到我之間只分成六個層級。這對大家都有幫助，從董事會以降，所有的人都專注在公司的心臟——也就是賣場，那裡才是創造價值的地方。我們讓中間管理層級不會成為上層和賣場之間的障礙，毫不誇張地說，董事會人員常常就在賣場裡。我們可不想關在金籠子裡，只依賴中層管理人員餵食。

特易購的總部絕對不是什麼金籠子。那座不甚迷人的特易購新大樓——說「新」也太誇張了，因為一九七〇年代就蓋好了——位於切森特（Cheshunt）工業區，距離倫敦市中心約二十英里。我對那裡的人員編制一向控制嚴謹。總部愈小就愈專注：管理團隊可沒那麼多時間去擔心一些無關緊要的問題。

隨著特易購的成長，我沒有創造新的管理階層，反而裁撤掉某些職務，並且擴大營運和總管理部門的責任。對於新增一些內勤工作職位（也就是除了賣場和倉庫之外的新職位），我都要再三盤查，特別是對那些帶有「規畫師」頭銜的職務——那種工作描述中包含「規畫」、「計畫」，看起來就不像是要專注於苦幹實幹。相反的，我鼓勵大家把一些問題或挑戰分解為一些較小的步驟、任務或團隊，看看能否由目前的人員編制來解決。我鼓勵他們拿出一張白紙來寫，定期問自己，某些事情能不能用不同的方式處理。我的想法是，工作職位及職務愈少，大家就比較不會相互妨礙。

規模擴大之後需要更多資源，必須投入更多專業，整體狀況也會更複雜。例如，我們在特易購增設服裝賣場，就需要幾百位服飾、設計採購和行銷專業人員。但是我們對增聘人員仍然非常謹慎：除非在營運上有正當理由，也就是現有團隊中沒人可以滿足某個需求，不然任何組織都不該隨便增加新成員。

我們鼓勵大家積極主動，並且自己做出決定：如果提交到上層的事情並非當務之急，我會把它送回原單位，要求原本提交者採取他們認為最恰當的方式來解決。

就我的經驗來說，組織架構太複雜反而會產生更多問題。最好的組織架構就是精簡，確保簡單明白的流程得以迅速、確實地執行，它是為第一線人員服務，而不是想要控制他們。流程一旦奏效，就會讓每個人都感到滿意。走進店裡看到貨架上滿滿的商品，感受到一股熱鬧和忙碌的氣氛，我就知道店員們都感到滿意，也對自己的賣場感到驕傲。同樣的，要是流程控管欠佳，我就曉得一定會出問題，結果就是造成挫折。想像一下，例如特易購裡的化妝品貨架上空空的，也許是產品還沒送來，或者是運送延遲了，這就是流程出了問題。要是你自己很清楚知道要員工做好哪些事情，這樣的疏失原本是可以避免的。

嚴厲的愛

很多人不喜歡談到「紀律」，因為怕被視為苛刻、無情或冷漠。紀律也意味著自由受到限制，因此大多數人都不喜歡「紀律」也就不足為奇。但紀律在任何一個組織裡都很重要，就像紀律在整個社會裡也一樣重要。

欠缺紀律和秩序，疑惑將隨之而生。該做的事沒做，或者被任意地推拖延後。有些人會開始踩別人的線，做別人的工作，或者是什麼都不做。此時如果輕忽不管，組織就會逐漸敗壞。有些個性較強的人就會凌駕他人之上，以自己的意志逼迫別人屈從。原本是大家共有的目標和價值，隨即被爭權奪利的派系之爭所取代。組織日漸解體，功能喪失，也就難以提供服務。於是有才華的人逐漸遠離，障礙和失敗愈來愈多，整個組織日益敗壞，每下愈況。

軍事將領對此領會尤深，因為他們及士兵們的生死，都有賴於此。斯利姆元帥曾有針對紀律的一段精闢演說：

> 真正的紀律並不是誰對誰咆哮下命令。那叫獨裁專權，不是紀律。自由而理性的人自願地接受合理紀律，是完全不一樣的狀況……即使是在軍隊裡也不只是發號施令而已，士兵的紀律絕對不是盲目服從。帶人要帶心，這可不是上一場戰爭才發明出來的新玩意。[5]

斯利姆接著又談到每個人都要知道組織的最終目的，這一點我們剛剛才提到。斯利姆寫道，「商業紀律的本質，是了解自己為何而做，並且加以擁戴、支持。」[6]

這些我都知道，但是不管如何振臂疾呼合作團結，管理者總會碰上一些不識相員工遲到早退、半途而廢，他們辯稱：「下一次我會做得更好！」但只是空口說白話。他們就不像斯利姆說的：「自願地接受合理的紀律。」那麼問題是你該拿他們怎麼辦？

我體內的愛爾蘭魂會說：「一開始我就不會讓問題惡化到如此程度。」也就是說，要在問題變嚴重之前，就要先處理這些疑難雜症，在「我躲得掉」的想法擴散之前就先下手阻止。當然，這說來容易做起來難，但想做的話，就是一開始就不能放過那些看似瑣碎的細節，否則螺絲就鬆了。「效率的氛圍」是假裝不來的。如果是地板骯髒、貨品不歸位、倉庫凌亂不堪，組織再怎麼宣揚效率也沒用，因為這樣的環境就是無法鼓勵大家追求效率。當然，這個觀察也不是我所獨創，斯邁爾斯就曾寫道：

> 關注、專心、準確、秩序、守時及迅速傳遞，是任何事業效率營運的必備要素。乍看之下，這些似乎都是小事，但它們對於人類的福祉和實用上至關緊要。這些真的都是小事，但人生就是一些小事構成的。一些重複的細微末節全部加總起來，不僅構成人的性格特質，也會決定國家的性格。[7]

要是碰上流程運作不佳或推諉怠惰，最好就是找來負責人當面質問，讓他們了解這個問題。只是咆哮、辱罵或端出雄糾糾的大男人氣概恐將適得其反，反而暴露出領導者的弱點。這一點我稍後會再深入說明。

你一旦擔心某些事情可能出錯時，通常就是該採取行動的時候。但是這個決定可能必須進行一些不愉快的對話，所以你的大腦就會找藉口不想採取行動。結果拖得愈久，問題就愈大。原本也許只是稍做干預就可以解決的事情（也就是進行一場艱難的對話），最後卻要動用懲戒、調職甚至是開除員工才能解決。

這些狀況下的行動準則非常簡單。你要是想做出公平、合理、公正的決定，一定要嚴守自己的價值觀。例如，可能是部門重整或開除某人，這種決定也許會讓人覺得你嚴厲，但你要是堅毅不懈地表現真實，大家看到你的行動出於自己信守、擁護的價值觀，對一位管理者而言，這也絕對不是壞事，大家會看到你的誠實正直。

這讓我想到，管理者應該多麼「強硬」呢？在《君王論》（*The Prince*）中，馬基維利（Machiavelli）向麥迪奇（Lorenzo de' Medici）建言，「如果不能兩者得兼，讓人感到恐懼會比受人愛戴……要好很多」，但身為君王切忌創造仇恨：

> 恐懼的同時也可以不招仇恨，只要君王不侵奪臣民的財產和妻女。既使如此，如果必須處決某人，也要有正當的理由並公開說明之。[8]

十五世紀的佛羅倫斯共和國與二十一世紀的特易購公司當然是沒什麼共同點：特易購不會判誰死刑，執行長也不會對員工抄家沒產，更別提要搶誰的「妻女」。但那種以為光靠恐懼就能夠管理現代組織的想法，還是令人聞之生厭，這大概是看多了電視上那些執行長常常對著員工咆哮才如此突發奇想吧。恐懼只會讓思考窒息，反令怨恨滋長。恐懼不能保證員工嚴守流程，或者完成工作。恐懼會造成糟糕的決策，因為大家只想討好管理者，而不是想做正確的事情。

你可以同時讓員工感到害怕但又受到敬愛，或者我們可以稱之為「嚴厲的愛」。嚴厲的行動必須「有正當理由並公開說明之」，正如馬基維利所說。在大多時候，嚴厲行動也許只是簡單地表達不贊同，或者僅是一個嚴厲的眼神，而不是對著員工怒叱：「開除！」

任何管理者最常碰到的一個狀況，就是員工沒到班，這種事情幾乎天天有，而且找不出明顯的原因。我在二〇〇〇年代初期遍巡我們的賣場時，開始注意到一些過去不曾有的現象：曠職缺勤的情況逐漸增加。仔細觀察後，我發現這不只是特易購的問題。事實上，我們公司的情況算是還好，至少比公用事業單位好很多。我稍作探究後發現，這種新的行為模式主要來自於就業法規的重大改變，但這一點卻少見評論。在這項規定改變之前，員工要請支薪病假，就必須向醫院或醫生索取就診證明。但法規改變後，你就可以放自己三天病假而且照樣領薪水。

過去從未超過四%的缺席率迅速攀升到七%，有些賣場和倉庫甚至高達一〇%，這表示有些員工一年請假天數超過一個月。我們的賣場和倉庫可是全世界最忙的單位之一，要是有一名員工不來上班，顧客結帳就要排更長的隊，而貨架上更是補貨不及。在最糟的情況下，很可能會拖累整家店的運作。問題惡化之迅速也可能引發惡性循環：因為同事缺席，到班的員工就得承擔更重的工作壓力，當他們看到同事可以藉故蹺班時，他們自然會想自己何不也來「請個病假」。

「請個病假」——當媒體開始把這件事當成一種時髦的流行話題時，我簡直不敢相信自己的耳朵，似乎你要是昨晚狂醉一夜，今天就該請個病假，不然你就太落伍了。但我從小就相信，你上班領薪水，這就是一種約定，而我們就該把自己該做的事做好。我認為，刻意去鑽法規上的漏洞，沒病裝病，就是濫用雇主對你的信任。況且，我這一代的人也不會把有班可上視為理所當然，因為我們都明白失業是怎麼一回事。我一九七〇年代剛出社會開始工作，就碰上英國製造業工作大流失，失業人數攀升到前所未聞的三百萬人次。因此你要是夠幸運還找得到工作，肯定會非常珍惜。

等到經濟趨勢從一九九〇年代初邁向長期繁榮，就業市場跟著變好。服務業突飛猛進，很快就高踞整個經濟體的五分之四。到了本世紀初，實際上已經出現勞動力短缺的狀況。這雖然算是個好消息，但後果就是有些人不像過去那樣珍惜自己的工作。反正有那麼多就業機會，丟了這個工作還可以找到下一個。也難怪這種漫不經心的工作心態，開始滲透到大眾文化裡。

這種趨勢開始造成業務損失時，我們就該採取行動了。但是要小心，因為大多數員工仍循規蹈矩，他們並沒有犯下什麼錯誤。太過嚴厲的行動可能破壞企業和員工之間的信任感，而這層信任正是特易購之所以成功的基礎。這個信任感來自管理階層履行職責，要提供員工一個舒適滿意的工作場所。

一般來說，我們對於工作都會有合理的期待。就我的經驗而言，員工只有四項要求：扮演的角色要有趣、能受到尊重、有機會升遷成長，以及老闆樂於提供支援協助。我們的管理就以提供這些事項為核心，再加上優渥薪酬和福利。面對缺勤率上升，我們知道必須提供更多誘因才行。我們對缺勤率很高的單位提供額外支持，在人事管理和招聘作業上給予更多的幫助，尤其是對夜班的安排，提供更多管理上的支援。但是這樣還不夠。所以我們採取了人事發生問題卻不知如何解決時的慣常做法：直接與員工對話。

簡單的溝通開始奏效，解開了問題。我們的員工提供許多實用建議，他們也不喜歡缺勤率太高的狀況，因為這對他們有直接的影響。畢竟，每當有人請假時，也要由大家來分擔人員不足的壓力。他們都同意我們的看法，認為缺勤狀況的確是個問題，雖然還不至於是沉痾重症，但也應該做點處置。然後談著、談著，他們就談到許多家庭上的情況。就跟我們的顧客一樣，員工們也在工作和家庭之間左支右絀，感受到許多壓力。有時候必須照顧小孩或碰上一些事，就沒辦法照常上班。

對於這些真實狀況，都值得我們提供協助，而不是毫不通融地打官腔說：「你要自己搞定。」任何員工只要碰上真正的困難，我們都決定伸出援手，幫他們調整排班時間，有空去處理一些私務，另外再找合適時間補班。另有許多員工的工時施以永久性的調整，更貼近他們的個人需求。

我們設定一套「請假預告」制度，請員工在請假之前預先通報，好事先預做排班調整。我們要求員工，在請假當天一定要打電話給自己的經理，並說明請假事由。員工回來上班之後，我們也會派人前往訪察，了解缺勤的真正原因。對於無故缺勤和真正因病請假的員工，我們都很仔細地分辨，對於一些長期患病的員工則給予更多支持和協助。有些長期請病假的員工，我們與他保持密切聯繫，盡可能提供幫助。當他們已經準備好重返工作崗位時，我們根據狀況安排適合職務，或者依他的意願安排兼職工作。有些員工因為長期生病休養而喪失信心，可能就此離開職場，因此這樣的接觸和支持對他們很有實質幫助。

總之，我們先釋出最大善意，表明願意幫助那些真正需要請假的員工。這對我們來說也不是件容易的事：站在管理者的立場，這些調整也都要讓大家感到公平，這一點必定要堅持。不過這種種的努力建立了員工的信任，贏得普遍的支持，讓公司體制不致因少數人鑽漏洞而受到破壞。這表示我們得以對某些員工施以懲戒，其中有些人的確是不願意承擔工作職責，最後也都辭職了。

這種方式蘊藏「嚴厲的愛」，對於那些努力工作、願意負起責任的員工，我們一定給予支持，但對於不肯挑起職責的人，我們絕不寬貸姑息。我們做好妥善安排，讓員工了解這些措施都是公平、合理的，他們都明白要是在相同狀況下，他們也會採取一樣的行動。我們以員工希望的方式來對待他們，就可以創造出堅實的團隊。

行動策略

急著想要實現大膽而具革命性想法的人，對於流程、角色、紀律等等總是感到不耐煩。他們的點子在腦中迸發，迫切地想要改變這個世界，急忙向前衝反而忽略那些完成目標應該要做的事情。這個毛病我們可以理解。在特易購想要推出什麼新方案時，不只把全副心力放在我們想要做什麼，而是去思考應該怎麼實現、怎麼達成目標。我們推出「Tesco.com」網站就是一個大膽執行計畫的最佳範例，它如今已是全球最大的線上食品服務網站。

特易購網站早在一九九五年就啟動了，時間上可說是很早。那時網路服務公司的熱潮才剛起步，當然更談不上泡沫化，谷歌（Google）、蘋果線上音樂服務「iTunes」、臉書（Facebook）和推特（Twitter）等也都尚未成為家喻戶曉的品牌，事實上當時的網路服務也還不能吸引消費者的任何興趣。當時我受邀參觀一場名為「智慧商店」的展覽，由安盛顧問公司（Andersen Consulting，現更名為埃森哲〔Accenture〕）主辦，說這是「未來的商店」。我對這種展覽的反應，大概就跟很多企業高級主管一樣。我每天都很忙碌，像這樣的展覽，我過去看過不少，結果總是有點失望，所以原本不太想去。

不過，我在安盛有一、兩個熟人，而且展覽會場也還順路，所以有一天下班後，我就跟梅森說我們過去看看。這場展覽辦得很棒，都是這家顧問公司的功勞，我們在那裡逛了幾小時，這時間花得相當值得，一些「太空時代」的展示揭露零售業的未來，預測遙遠的將來我們會過什麼樣的生活。但就像其他零售業者一樣，儘管我們身在會場，腦海中仍充斥著昨大銷售如何、明天會不會賣得更好。對我們來說，所謂的長期就是下個月，超長期是指聖誕節，若是再更遠的未來，那就不重要了。

最後一個展區是個模擬的家用廚房，流理檯上還擺了一台電腦，在一九九五年的當時看來真的很不協調，那時代只有二五％的家庭擁有家用電腦，而且模樣是又大又笨重。我好奇地問：「這是要做什麼的？」有一名顧問回答：「有一天，家庭主婦就可以在她們的廚房裡，透過電腦訂購食物啊！」

這時候一些零售業者都笑了起來，開始數落種種理由，說這種事一輩子都不會發生。她們要怎麼「傳送」訂單呢？（那時候沒人曉得電子郵件）她們怎麼知道可以訂購什麼？就算她們真的可以把訂單送到你手上，你又要怎麼處理？你要備齊所需要的食品，然後又要找個方法送到她們家，一般家庭採購的食品平均是一百磅，這可不是貼上郵票寄過去就成了。有些食品（例如麵包）最佳賞味期只有幾個小時，又該如何保持鮮度呢？而且誰又曉得該怎麼找到顧客？當然，自古以來的有錢人都使喚他人服務買東西，但「平常人」可從來不是如此。況且，就算這些問題都解決了，技術上也可行，但成本一定高得離譜。

噓聲一面倒，我想梅森跟我也一起加入嘲笑的一方。但是等我們走出會場離開群眾時，卻同時跟對方說：「這點子還真不錯耶！顧客一定會喜歡的。」雖是半開著玩笑，但有個想法已經開始萌芽。我猜想，當天晚上其他零售業者開車回家的時候，一定都認為在家採購服務一定不可能發生，畢竟大家都認為不可行。但在一年之內，特易購網站就上線了。

那個點子令我們十分折服，不但新奇，而且最重要是它提供的便利，顧客一定會喜愛，所以我們排除萬難去實現，讓它成為有利可圖的生意。當時我們也不是有什麼特殊創見，或者具備什麼特定技術，有的只是一種與眾不同的心態。我們認為特易購的存在是為了讓顧客的生活更輕鬆簡便，這點跟其他零售業大不相同，因此他們對於電腦所帶來的交流創新，不是認為事不關己，就是視為威脅而十分抗拒。要是這項新技術能夠提供一個更省時、簡便的希望，就算只是一點點，我們就有興趣。

我想很多零售業者就是害怕網路，恨不得網路不要有什麼發展。因為他們害怕這項技術創新可能取代原本的零售業務，讓所有的執行長徹夜難眠，所以就更不曉得它具備著什麼樣的潛力。很多人一定會說，在家採購服務一旦盛行，必定會把現有商店的顧客都搶走。

這些顧慮我們也不是沒有，但還是決定繼續前進。從一開始，我們就知道這些顧慮其實也都只是推測，並非事實。要是我們真的做出來，就可以實際體驗，而且也會是第一個進入新世界的先鋒。同時我們也信賴顧客，網路要是能把他們的生活帶往不同的方向，哪裡是我們擋得住的？而且這個挑戰肯定非常巨大。建立一個網路服務等於從頭到尾創造一個全新的流程：提供貨品讓顧客經由網路選購，再把東西送到他們手上。我們一切都要從頭開始。

我必須決定的下一步，是要怎麼開始：應該制訂一套萬全的大計畫？或者簡單設立一家公司就開打？兵貴神速。後來我決定把握先機，甚至還沒獲得董事會批准就以低調的方式搶先上路。

我們決定先從一個簡單的流程開始，邊打邊看邊發展。畢竟，這對我們來說是全新領域。探索網路是個令人振奮的經驗，因為我們正發明一種全新的零售方式，這種機會可不常有。我們知道必定會改變許多事情，要是我們保持靈活、找出最好的辦法來開始，這個改變就會更快速也更容易。我們認為，運用現有的資產也是合理的辦法。既然我們的品牌家喻戶曉，又何必另起爐灶呢？應該從已知的顧客入手，或者去找那些只花一點成本就能吸引到的顧客。顯然，我們的賣場原本就接近顧客的住家，因此由賣場負責網路訂單的供貨會是個不錯的辦法。而最棒的是，賣場員工都是有經驗的老手，他們都很了解商品、顧客和系統，也能夠輕鬆地接受訓練。事實上，更像是員工在訓練我們，而不是我們在訓練員工。他們一旦搞清楚我們想要做什麼，就會運用他們的常識和經驗，試想出無數改善或解決問題的方法。

我們成立一個小團隊，由積極任事的店經理薩金（Gary Sargeant）領導，利用現有的賣場、系統等基礎設施和員工，創造出一套電子商務服務。這只是個非常簡單的流程。我們把商品目錄送進電腦，而顧客可以透過電話、傳真或電腦下單。訂單會送到某個參與電子商務的賣場，在此準備好貨品，交由貨車送出。這一切沒用到什麼偉大發明，但至少是上路試行了。我們創造出一套服務系統，而且確實正在運行！更重要的是，這套流程確確實實開始啟動了，我們也開始學習一些必須要做的事情，並針對開創盈利模式，探究應該再做些什麼以改善和修正。

這套商業模式能否達到損益兩平，營收來源會是個關鍵。而初步試驗的結果帶來希望。拜會員卡的資料所賜，我們知道特易購業務有多少來自新顧客，有多少來自熟客。我們發現其中六六%是來自新採購，一方面是有新顧客上門，另一方面是來自現有客戶的新支出。要是我們把試辦的點再擴大，這些新業務就足夠創造出盈利模式。

然而整套方法和流程很快就遭遇挑戰。網路帶來的種種可能，引爆了全球的想像力，瘋狂隨之而起，吹出「達康公司」（dot.com）大泡沫。你設立一家企業，只須命名為某某「網路公司」，價值就會兩倍、三倍不斷地膨脹。

線上超市業者「網路貨車」（Webvan）就是這樣一家新興企業，也是要把在家採購這個概念從頭做出來，整套流程希望以完全沒有實體賣場來進行。據此設定供貨倉庫，顧客訂單直接送進倉庫，再由此檢貨交運。有趣的是，曾經策畫「智慧商店」的安盛顧問公司領導人沙欣（George Shaheen）也離開原職，被挖角去網路貨車公司擔任執行長。儘管當時該公司才在舊金山運作五個月，而且只限於舊金山地區，簽約客戶不過就一萬人[9]，但正當網路股風起雲湧之際，網路貨車公司股票上市就籌集了三．七五億美元，而上市第一天收盤公司的市價總值就高達六十億美元[10]（大概是當時特易購總值的三五％）。他們拿這麼大筆的資金為新業務打造基礎設施，宣稱要讓街上那些開店賣雜貨的商家全部關門大吉。

看著網路貨車公司的募股說明，儘管是有聲譽卓著的投資銀行背書，我還是一肚子狐疑，想不通他們要怎麼讓所有零售商店關門大吉。但是這「全新零售業」的說法激起許多人的想像，連帶也使特易購的投資人反過來質疑我們的運作方式，儘管我們的商業流程更為簡便，而且客戶基礎也比網路貨車雄厚許多。每當說起我們的電子商務，就有人說我們的方式是錯的、絕對不會成功，網路貨車就比我們好很多。網路貨車是把所有身家丟進去賭，而我們只以負擔得起的方式來進行；但是不管我們取得了多少進步，而網路貨車公司又燒掉多少錢，投資大眾的看法卻都沒有改變。

不過大家也沒吵多久，網路貨車公司就宣告破產了。模仿網路貨車的桑斯博里超市也被迫放棄，因為不靠現有的客戶基礎，從頭打造一套食品配銷系統的成本就是太高。前期支出就很沉重，而整套想法需要太多資金。就這個利潤其實不高的產業而言，我認為網路貨車的模式不可能成功，因為它的資本報酬實在是太低了。

網路貨車公司的失敗帶來寶貴教訓。**當我們要創造新事業，最重要的目標（成功的基礎）是要爭取顧客，而不是只求完美流程**。追求完美是永無止境的，尋求完美的企業一旦停滯不前，整家公司的生存也會陷於危殆。從簡單的流程開始，再逐步去調整，臻於完善，才是更好的做法。

特易購網站啟動不到兩年，我們就有不錯的進展，等愈來愈多人使用網路後，我們就取消了電話和傳真下單。我們原本對需求狀況不抱多大指望，但它很快就超越最樂觀的預期。顧客對這項新服務所提供的便利是如此高興，所以他們都能包容一些錯誤。剛開始的錯誤還真是不少，人家要買復活節彩蛋，我們以為是新鮮雞蛋；訂購奶油蘑菇湯，卻誤以為是要買蘑菇；有人要買貓飼料，我們卻送去狗飼料。

我知道顧客會給我們一點時間來解決那些初期的問題，但不會等太久。今天被顧客看做是了不起的創新服務，到了以後也只會成為「正常服務」而已。如果你每次都讓顧客感到百分之百的信賴，五次之後仍然是百分之百。但如果你只能做到九八％的準確，這個影響也會逐漸被放大，五次之後就只剩下八八％，整套流程很快就不行了。這只是簡單的算術。

當特易購網站生意逐漸做出成績後，我們也開始明白一些「傳統智慧」錯得多離譜。一開始大家都以為網購的顧客是那些很有錢但沒時間的專業人士，但事實上客戶群遠大於此，各種收入等級的人都會利用特易購網站，尤其是一些居家人士，例如：老人、生病的人或慢性疾病患者、必須隨時照顧嬰幼兒的婦女。新的購物行為也出現了：有些人會上網為不在身邊的年邁父母購物，有些小企業、托兒所和小型旅館也會利用網購來備貨。有些人每週上一次賣場，其他就靠網購來補充，要到實體商店買東西來回路程可能需要幾個小時，而利用上網採購一週只需十五分鐘全部搞定。根據會員卡資料顯示，賣場可能備齊了四萬種食品項目，但顧客實際上會買的品項卻少得多，一年總計大概是三百至五百種。透過顧客實際採購清單（這些可說都是他們的「最愛」）我們可以大幅縮短下單所需的時間。網購運費是五英鎊，所以顧客會多買一些以攤抵運費，而且他們很快就發現，要是考慮到實體店面購買所花費的時間和交通成本，這運費其實是物超所值。

此外，一般也以為顧客只會透過網路購買一些不會腐敗的東西，例如：尿布、清潔劑、牙膏等，因為他們不會相信網購業者可以運送生鮮食品，畢竟在購買之前總是要親自檢查蔬果狀況和保存期限吧？要是這樣想可就錯了。網購品項其實跟實體賣場中大家會買的東西差不多，這表示顧客都很信賴我們的員工，會幫他們挑選新鮮食品。事實上針對那些容易腐敗的食品，我們特別訓練員工幫消費者做挑選，同時也致力改善現有流程，以解決生鮮食品網購容易出現的問題，例如，我們會協調麵包供應商和挑檢麵包的員工，讓透過特易購網站下單的顧客可以買到盡可能新鮮的麵包。

頭幾年的經驗正是從實做中學習的經典範例，讓我們領略到謹慎地從小規模開始一項大事業的好處。藉由蒐集客戶在網購行為的資訊，很快就能改善一些不適當的流程，讓它逐漸變得更緊密。當那些新的網購行為模式變得更確實而可預期時，整套系統也就更趨穩定。

特易購網站的經驗，也讓我們對現有業務有更多了解。那些資訊告訴我們，哪些訂單在什麼時間、從哪個貨架、選擇了什麼商品，這讓我們成為全球第一家掌握即時庫存狀況的零售業者，而過去這樣的資訊只是電腦程式的模擬推測。但要解讀這些資訊可不容易，我們在訂貨系統和物流上都投入甚多，因此被視為業界最先進的零售商（也該是如此，因為英國賣場比美國店忙碌四倍之多）。過去根據電腦程式的模擬估算，我們的庫存狀況可達九八％，就我們的需求水準而言可說是非常不錯。然而在特易購網站生意逐漸成長以後，我們才發現實際上的存貨水準差不多只有九二％而已。

此一發現令人十分震驚，我們隨即徹底重整供應鏈、倉儲、訂貨和補貨系統。這浩大的工程雖然花了好幾年的時間，但最後我們超過四萬種品項的存貨水準確確實實地保持在九八％。而這個經歷又讓我們學會重建工作流程，如何訓練員工，讓他們在那些流程中扮演更明確的角色，以及如何設定簡易的電腦系統來調整安排工作量。我們對這些數據深具信心，因此能夠開發出領先全球的補貨系統，讓貨品能在最恰當的時間上架。這讓整個賣場的補貨更加迅速，也更加容易。這也表示我們可以更迅速地交運那些容易腐敗的食品，也拉長了它們的上架時間可供客戶採購。更妙的是，我們原本為了縮短員工檢貨時間，把各個賣場每個貨架上的商品位置都送進電腦裡，現在也利用這份資料做成手機應用程式，讓每位進到賣場的顧客透過這個程式就能毫不費力地找到任何商品的確切位置。

這門生意還帶來一些先前沒料到的好處。特易購網站集合了一群優秀人才，一些年輕主管，包括布萊德蕾（Carolyn Bardley）、托爾（Ken Towle）、布羅威（John Browett）和韋德葛瑞（Laura Wade-Gery）都從實作時累積了營運經驗，在建立健全的流程中體會到自己的重要性，自主地發揮出創新和實踐的能力。他們後來也都在特易購總公司或其他企業中做出很棒的成績。

內部編制上也新增了許多職務，送貨到府的司機、賣場內的訂單檢貨員、訂單處理人員等。這些人員身負重責大任，例如那些送貨到府的員工，個個都是代表特易購的行動大使。這種實際上的個人接觸，可以培養出客戶對品牌的忠誠，反之也可能帶來破壞。

到最後，說來也許有點好笑，我們後來開設的新賣場漸漸只是為了服務網路客戶。這些新據點不必設立結帳區和停車場，如果網路貨車公司當初不急著打造完美的配銷系統，而把營運重心擺在贏得顧客信賴，他們要做的事業大概就是如此吧。幸運的是，因為特易購賣場原本就擁有堅實穩固的客戶基礎，所以很快就能獲利。

如今，特易購網站已是全球最大的線上食品公司，我們的網上服務已經實際獲利，而且快速增長，擴展到許多不同國家，包括：南韓、捷克和愛爾蘭等地。創辦至今十七年，營收達三十億英鎊。在最近三個月內，大約有三百五十萬個英國家庭（占總數的一四%）曾經透過網路採購食品，這個趨勢就是拜特易購革命性創舉所賜。

特易購網站的故事，正是一個小型團隊根據一個點子，做出決策的實踐過程。他們先建立簡單的系統和流程就開始做，而不是由某人先擬訂好完美的計畫、新的配銷系統才開始，這是一路不斷改變、改善的過程。最重要的是，這個故事揭示出專注於實作過程的重要性，儘管它開始的時候規模甚小、成長甚緩。

如何避免錯誤

根據特易購網站的經驗顯示，要把一個簡單想法變成現實，需要清晰願景、簡單流程和明確角色，並且願意從錯誤中記取教訓。每個組織在嘗試改變營運方式時，都會犯下代價高昂的錯誤。**能夠從錯誤中學到經驗和教訓者，就會是成功的組織**。就民間企業部門而言，不能從錯誤中學習必定招致整體的失敗，因為股東們看到自己的錢不斷地被燒掉，很快就會掉頭離去。於是公司破產，最後也許只是變成教科書上的一則案例，讓大家知道哪些錯誤不能犯。不過這條法則並不適用於那些被視為「大到不能倒」的企業（例如某些大型銀行及國營企業）和公共部門。有許多政府組織把事情搞砸了，最壞狀況也不過是遭受一群官員或政客的質詢、媒體上的爆料，或許有個部長辭職下台。然後呢？就風平浪靜了。虧損隨即一筆勾銷，政府照樣打混度日。這麼說也許不見得公平，但公共部門常常就是點子爛、執行糟的最佳範例。

英國就有許多支出浮濫的爛計畫，其中之一是二〇〇四年地方社區與政府發展部執行的消防控制計畫。這個計畫是要提升國內的應變能力、效率和技術，利用一套電腦系統來取代全國四十六個地方消防救援控制室，改由九個特定功能地區控制中心管轄。原本預估經費是一．二億英鎊就可以完成[11]，但經過一連串的延誤和大大小小的問題，這個計畫到二〇一〇年十二月廢止。原先設定的目標都沒達成，卻耗費至少四．六九億英鎊的民脂民膏。該部預估，如果要完成整個計畫大概需要六．三五億英鎊，是原先預估的五倍以上。[12]

計畫負責人後來對國會的委員會說：「現在回想起來，一開始就不啟動這項計畫，也許就是最好的行動。」[13]千萬個納稅人無疑都要額手稱頌高聲答是。事後再來批評別人很容易，身在局中也不會有此後事之明。商業界在責備公共部門時要謹慎小心，因為政府和民間部門在優先考量、動機和責任歸屬上都很不一樣。就拿消防控制中心來說，它最重要而且是非常特殊的角色，就是要處理一些緊急突發狀況，這可是民間企業不太容易碰到的事情。

不過我讀了消防控制計畫失敗的報告之後，不禁認為它從反方向揭示了創造和發展新系統的最佳辦法。也就是說，要是每個步驟都朝著消防控制計畫的相反方向來做，也許就接近完美。

要執行計畫進行任何改變時，都要先搞清楚問題何在。以消防控制計畫的情況來說，原有的四十六個控制中心是各自獨立，彼此互不相連繫。理論上這是個問題，但有什麼真實證據顯示這實際上也是個問題呢？也就是說，各個控制中心有多需要彼此對話呢？就算真有實際問題需要解決，這個計畫從一開始就像是拖著大炮打小鳥。原本的消防調度只備配一千四百人，現在計畫每個人要花掉八萬五千英鎊才能讓他們彼此對話，光看這個數字就該拉警報了（我可不是在說俏皮話），更別提後來那些問題。

那麼，可以說這計畫本身就是錯的。除此之外，還有執行上的問題。正如我之前說過的，最好是要求執行者（實際負責執行的經理或員工）把所有相關流程全部寫下來。這中間如果出了什麼狀況，你就能夠找到原因，加以隔離並做出相應的改變，再確認沒有其他連鎖反應。在改變現有流程時也要確認員工在角色上的變化，畢竟各個環節的整合也都要仰賴他們。要是他們不明白自己的角色，計畫必定不會成功。

在消防控制計畫中，並未真正釐清其中每個人原本在做什麼，更完全欠缺任何作為讓他們了解未來要扮演什麼新角色。⓮四十六個控制室原本的做法都不一樣，而這些流程既未記錄下來，更未明確地整合進新流程裡。⓯很清楚的是，在擬定這項計畫時也都沒有找各控制室的執行者來諮詢和提供意見。

責任未妥善釐清使得問題更加嚴重。話務員（也就是流程的管理人）必須負起責任⓰，他們也許必須引進專家，但這畢竟是他們的工作，是流程的管制者，也是他們實際運作的系統。然而在消防控制計畫中，卻沒人擔負完全責任，實際操作新系統的消防管制員的責任更是最輕，而外部專家和顧問反而最受依賴。

消防控制計畫似乎也因為被視為「新挑戰」而窒礙難行。每個領導者都以為自己的組織獨一無二，碰到的問題是前所有未有，他們必須創造出非常先進的新系統，所以需要「專家」。認為自己組織與眾不同、面臨前所未有的挑戰，雖然會讓人覺得飄飄欲仙，但實際上我們很少碰到什麼全新的問題，也很少發現有什麼問題需要一個全新系統才能解決。大部分問題過去都曾發生過，而且通常組織裡的某人就曾碰過。因此系統上有問題，解決方法往往就是「現成」的，一個適切的系統通常早就存在，就像我們推動革命性的特易購網站時所發現的一樣。如果不是的話，才真正需要「專家」協助，但是責任歸屬卻不能因此有所移轉，實際運作流程的人一定還是要負起成敗責任。

管理團隊也會想要做些創新舉動，例如，他們可能想要一個別人都沒有的系統，讓自己的組織具備競爭優勢。但這種好事很少會出現。因此，編制內的資訊團隊要求一切都要量身訂做；有些經理人寧可改變系統，卻不願改變自己的行為；有的顧問只想靠量身訂做的複雜方案開高價來賺錢，而不願提供標準、現成的配套方案。以上這些情況都要特別當心。

如果組織真要推動前所未有的計畫，一定要循序漸進，謹慎地跨出一小步慢慢進行，以免那些難以避免的錯誤可能摧毀整個組織（不管是公家或民營）。若是牽涉到的成本愈大，就愈須謹慎小心。一個組織要推動前所未有而且成本高達一．二億英鎊的計畫，當然要格外小心。

特易購經常冒險進入新領域，但一定謹慎進行，通常是一次只跨出一步。開發新系統時（特別是涉及技術或複雜流程者）我們都明白設定里程碑以衡量進展及績效的重要性，把整個計畫細分一小塊、一小塊，明訂期限、成本和應該達成的目標。設定這些里程碑都有它的原因。當然，要是期限延誤或目標未達成，我們也會想要忽略原先設定的里程碑，因為大家都會害怕承認失敗。這樣當然是行不通的，一旦發現錯誤就該先暫停腳步，找出原因並加以解決之後，才能再開始。就經驗而言，如果有人報價說要做某件事，過幾年後不但沒看到進展，還回過頭來說價格要提高為三倍（消防控制計畫就是如此）[17]，那麼他們應該是不曉得自己在做什麼，我們就不應該讓他們再繼續。

最後，新系統之後的運用與開發一樣重要，在設計階段都必須考慮到。此時溝通就極為重要，每個人都必須知道對他們的期望是什麼，以及為什麼。不過我們無法指出消防控制計畫在運用上有什麼錯，因為根本還沒到那階段就崩垮了。

當然，對於消防控制計畫垮台的來龍去脈，我不是全然知曉。我談這些不是要指責誰，而是希望政府（還有我們大家）都能從這些昂貴的錯誤學習到一些教訓，而且也馬上讓我反省自己。消防控制計畫的失敗讓我想到自己也曾犯下許多同樣的錯誤：從延誤系統時限到昂貴的帳目勾銷，不勝枚舉。計畫推展失敗時這些狀況都會發生，因為那些授權推動計畫的高層沒徹底搞清楚新系統要做什麼，而且也沒有把明確的流程寫下來。就此而言，我的確是有疏失。

消防控制計畫的經驗中，讓人感到難過的是這些錯誤的代價真的非常高昂。浪費四．六九億英鎊公帑，這比特易購在全球分店的資訊支出還要高出許多。但是這個數字如果跟荒腔走板的英國健康醫療服務（National Health Service, NHS）就診資料電腦化相比，可又小巫見大巫了，真是可悲。該電腦化計畫原本預估要花六十二億英鎊，九年後計畫宣告撤銷，但已經燒掉了一百二十七億英鎊。

無聊細節創造大成長

在英國文化中，對於設計流程、角色和系統運作正常的工作，通常不會被認為有什麼了不起。我們是擅於思考的民族，總以為「實做」就是有點髒兮兮的，是既簡單又無聊的事情。這也表示我們對於實踐決策的努力投入幾乎都嫌不夠。已經明白這點的企業（我敢說特易購就是其中之一）必定會採取許多辦法來鼓勵實做。

能夠正確行動的企業就會快速成長。流程也可以在後續強化，在正確擬定之後，全部或部分導入電腦系統，就可讓它的運作更可靠、更快速，成本也更低。消除缺點和瓶頸，減少浪費，用更低成本做更多事情，績效自然大幅提升。流程設定好以後，也可以跨國應用。例如，特易購在北美地區並未設置總管理處或行政單位，鮮易購超市的營運完全是依靠印度地區的標準平台。

營運流程也可以跨國照搬，再進行適當的調整、改善使它更為合適。但這並不是說你在哪兒都賣相同的東西。剛好相反。運作良善的標準流程，最美妙之處就在於你可以靠它在全球各地販售不同的東西。

幾十年前福特公司曾開發過「世界車」，這個車款在全球各地都長得一模一樣。但因為他們使用當地製造的零組件，因此這些車表面上看來一樣，內部構造卻各有不同。福特過了很久才了解，應該顛倒過來，創造出共同平台，在世界各地生產外觀不一樣的車子，福斯汽車（Volkswagen）的表現就亮眼得多。他們的車專為地區市場的需求和文化量身打造，但引擎蓋底下則完全相同。你看不到的地方都一樣，而你認為重要的地方都充滿了地方色彩。

這也同樣適用於零售業。最早的全球零售商（例如玩具反斗城）原本是力求全球統一，包括：品牌、格式和產品範疇等。但他們很快就發現，**零售業者一定要為當地客戶量身訂做**。特易購的主張很簡單：**既要有地方色彩，又是全球作業**。我們在各地開設外觀不同的賣場，但依靠全球一致的營運系統來經營。我們的共同平台就叫做「迷你特易購」（Tesco in a box），這些核心工作流程（就像是隱藏在公司內部的管線，顧客完全看不到）已經系統化，可以讓集團內各個事業單位共同使用，諸如訂單、財務、上架補貨、採購和客戶資料處理等部門。這些系統讓各地方賣場經理在受益於全球規模營運的同時，也能表現出地方色彩吸引顧客。

優良的流程在各類型組織中應該都可以普遍運用，如果可以做到這一點，組織就能獲得提升生產力的好處。其他無法用數字計算的優勢也很重要，當團隊可以協同一致，表現出效率，每個人都因為能做好工作而感到滿足，企業的士氣必然高昂。管理者不必浪費時間和精力安撫那些因為效率不彰及進度延誤的人，而有更多時間想得更深、更遠，在小錯誤擴大成問題之前搶先發現，而且把精力投注於開發新機會。優良的流程和系統不會是限制個人的緊箍咒，而是讓大家以滿意的方式來完成工作，讓他們勇於嘗試。

其實這些想法一點也不新。斯邁爾斯就曾寫道：「節儉地運用時間就是確保休閒的安全模式，它讓我們能夠掌控事業並帶領它繼續前進，而不是被它拖著走。要是不能精確掌握時間，我們永遠匆匆忙忙，常常要面對混亂和困難，生活全是急就章，也往往伴隨著災難。」

不幸的是，聽進這些話的人太少。流程、工作角色、系統和紀律，都不是什麼特殊的概念，但卻是行動的成功關鍵，足以創造自由和成長潛力。但成長本身又會帶來挑戰，因此我們需要平衡。

參考書目

❶《改變世界的機器》（*The Machine that Changed the World*），渥馬克等著，見第三章註❺，第239頁。
❷《天下第一店》（*Sam Walton: Made in America*），華頓（Sam Walton）、惠伊（John Huey）著，Doubleday出版，第78至79頁。
❸《自我幫助》（*Self Help*），斯邁爾斯（Samuel Smiles）著，第88頁。
❹《忠誠效應》（*The Loyal Effect*），賴希赫爾德（Frederick F Reichheld）著，Harvard Business School出版（二〇〇一年平裝本），第136頁。
❺《勇氣與其他廣播稿》（*Courage and Other Broadcasts*），陸軍元帥斯利姆子爵，卡塞爾（Cassell）出版一九五七年，第28頁。
❻出處同前，第30頁。
❼《自我幫助》，斯邁爾斯著，第172頁。
❽《君王論》，馬基維利（Niccolo Machiavelli）著，布爾（George Bull）譯本，Penguin Books，一九八一年，第96至97頁。
❾〈網路貨車：再造送牛奶的事業〉（Webvan：Reinventing the Milkman），密西根大學商學院企管碩士候選人班克斯（Denise Banks）、德里森（Otto Driessen）、翁（Thomas Oh）、西庇翁尼（German Scipioni）及齊瑪曼（Rachel Zimmerman），指導教授艾夫阿（Allen Afuah），McGraw-Hill出版，二〇〇一年。
❿〈網路貨車股票上市大轟動，撼動沉寂不動的雜貨業〉（Webvan's Splashy Stock Debut May Shake Up Staid Grocery Industry），安德斯（George Anders），華爾街日報，一九九九年十一月八日。

⓫ http‥//www.publications.parliament.uk/pa/cm201012/cmselect/cmpubacc/1397/1397.pdf‥第五段。

⓬ 〈消防控制計畫的失敗〉（The Failure of the FiReControl Project），英國審計署Hc-1272，二〇一一年七月；第四頁。

⓭ 哈格里維斯（Roger Hargreaves），國家計畫主任，消防控制計畫，公共帳目委員會聽證會第三十七個問題。

⓮ 公共帳目委員會發現：「計畫一開始就有瑕疵。地方社區與政府發展部要讓各個消防救災服務中心接納全國一貫的系統，卻缺乏足夠的法定權力，因此它們都不願改變現有方式。發展部不但未向各地方中心說明這套計畫的優點，反而在設計地區控制中心和相關資訊方案等進行決策時排除他們的意見，這些決定會讓地方服務中心潛在長期成本和後續負債增加，他們當然都不同意。」http‥//www.publications.parliament.uk/pa/cm201012/cmselect/cmpubacc/1397/1397.pdf，第3頁。

⓯ 「我們現在有四十六個不同的消防單位，作業方式都很不同，但做的都是同樣的事情。你想要完成系統化，就必須讓他們用相同的方式去做相同的事。你要是跟他們說：『你們可以繼續用四十六種不同的方式來做』，就無法設計出一套電腦邏輯，這是電腦系統一定要有的。」麥葛克（Steve McGuirk），曼徹斯特消防中心執行長、全國消防協會委員‥http‥//www.publications.parliament.uk/pa/cm201012/cmselect/cmpubacc/1397/1397.pdf，第十九個問題。

⓰ 「本計畫剛開始五年的管理安排太過複雜而欠缺效率，致使責任歸屬不清，決策遲緩。因應新問題而增設的管理階層在決策功能、責任分屬等甚不明確，欠缺信賴和把握，無力應對內部挑戰。」http‥//www.nao.org.uk/publications/1012/failure_of_firecontrol.aspx，第九段。

⓱ 概略成本二〇〇五年‥一．二億英鎊‥完整版本（1.0）二〇〇七年‥三．四億英鎊。http‥//www.nao.org.uk/publications/1012/failure_of_firecontrol.aspx，圖表三。

| 第六章 |

平　衡

平衡的企業不只是團結一致向前走，
而是在正確的時間，跨出正確的步伐。

一個平衡的組織讓大家得以一起行動，朝著正確方向前進，而不會被官僚體系牽著鼻子走。

要讓行動有效率，不但每個人都要知道自己的工作是什麼，也需要不同部門和團隊一起參與來完成目標。你的重大決策要轉化為行動，須先細分成許多任務，有些任務非常簡單，但要讓幾千個人每天操作，你如何確保這個過程可以按規章進行？你要如何團結組織的各個部門，創造團隊又讓它們協同一致？我們又該如何透過管理引導組織朝向目標前進？

例如，以斯利姆的方法來說，他在激發士兵個人忠誠，帶領他們專注於達成一個目標（摧毀敵人）的同時，也讓陸軍和空軍協同一致，並肩作戰，打破不同軍種的隔閡樊籬。在描述第十四軍團穿越伊洛瓦底江時，斯利姆強調修路工兵、開車上路的卡車司機和負責維修卡車的技工都一樣重要，他們是團結一致的靈活團隊：「他們跟部隊完全打成一片，覺得自己是其中一部分，也的確是很重要的一部分，他們具備戰鬥勇士的自豪與氣度，認為自己就是戰地英豪。」❶

任何大型組織的挑戰不只是要培養向心力，讓大家團結在一起，還要創造出一個框架，讓每個人都能在其中以自己最合宜的方式扮演應當的角色。這個框架鼓勵主動和創新，讓每個人為自己的行為負責，而且最重要的是它可以衡量及指導他們的發展，讓組織各部門的優先重點不會相互衝突。這樣一個平衡的組織讓大家得以一起行動，朝著正確方向前進，而不會被官僚體系牽著鼻子走。

罵人「官僚」可說是嚴重侮辱，意思是說對方墨守成規，不知變通。對身處官僚組織的人而言，工作很快就變成困惑、孤立而不安的經驗。他們覺得自己被組織困住，既得不到幫助，當然也就更難感受到整個企業的目的和方向。他們的世界逐漸封閉，局限於他們所能看見和施展作為的狹小範圍。

眼界限縮到一己衡量與控制的編狹，也就看不清整個組織更高、更廣的目標，人家只會爭奪、捍衛己身利益，不惜犧牲他人。不知不覺間，個別部門也拘泥於門戶之見，以白身利益的角度重新詮釋組織目標。時間一久，組織衡量績效的標準四分五裂，也就更難看清整體績效，遑論協調組織各部門。大家愈來愈不明白自己做得如何、是否做出什麼成績來，甚至覺得就算自己不在，也沒人會發現。部門之間的信任感蕩然無存，欠缺安全感再加上偏執排外，更進一步妨礙創新改革，大家消極退縮，就算知道該怎麼做才對也不敢輕舉妄動。

直到了某天開會時，大家圍著桌子討論問題，你才發現彼此根本是南轅北轍，完全沒有共識。大家都跟組織脫節，產生隔閡，甚至開發自己的系統來衡量績效，從自己的角度曲解現實。這個組織的麻煩可大了，分崩離析而失去平衡，誰也無法引領它再向前行。

在我擔任執行長之前就看夠了官僚體系的危險，因此我知道必須找些辦法讓特易購團結起來，重大決策得小心地跨出腳步，讓領導團隊能快速帶領整個組織達成目標。成長不是光靠我、董事會成員或任何坐在總部的人發號施令即可達成。我們可以設定策略、營業目標，但我們必須信任全國（後來擴大為全球）各地的夥伴能以他們的最佳判斷來行動。管理團隊必須專注於整座森林，而全球各國的團隊要努力栽種自己那棵樹。這表示要創造出一種文化，讓大家願意為自己的行動負責，勇於嘗試新事物，而不是畏縮怕事只想保護自己。我們必須放手讓大家去做，儘管錯誤在所難免，也不能過於苛刻地干預前線人員做出的決定。

剛開始擔任執行長那段時間，我讀了卡普蘭（Robert Kaplan）和諾頓（David Norton）合著的《平衡計分卡》（*The Balanced Scorecard*）。他們說很多企業（包括特易購在內）以成本、品質和反應時間來判斷事業進展，但問題是這些指標可以研判現有流程的績效表現，卻不能反映出策略目標的進展。而一些傳統分析方法也不能揭示無形資產的表現，諸如創新能力、客戶忠誠度和職工技能。更糟糕的是，企業如果只是針對短期目標來行動，長期上反而可能自取滅亡。例如，一家企業若調高價格或降低服務品質來減少成本，短期內也許利潤增加，卻是以長期的客戶忠誠為代價。這樣的企業「流程不符策略所需。組織若想成功，這一點必定要做得特別好。」❷換句話說，行動和策略失去了平衡。

因此卡普蘭和諾頓發明「平衡計分卡」來反映「長期與短期目標之間、財務與非財務評量之間、落後與領先指標之間、外部與內部績效指標之間的平衡」。換句話說，記分卡衡量過去事件的結果，以及推動未來績效的指標。不僅如此，平衡計分卡的目的是「揭示企業策略、傳達企業目標，有助於協調個人、組織和跨部門提案以達成共同目標。」每個人就會知道自己該做什麼，也知道如何與組織其他部門相配合。

現在很多企業都知道「平衡計分卡」，但在一九九七年，當時很多人還以為我在說板球。不過我很喜歡那個點子，所以我請管理顧問高登（Bill Gordon）思考如何落實到特易購裡。我的指令是要提供一項工具給公司各團隊，做為引領各自工作的方向盤，但又確保公司各部門和團隊可以團結在一起，整家公司才能平衡地前進。

他還真的逐字照著我的指示，帶了一個「方向盤」回來交差。這個「方向盤」分成四個部分：客戶、營運、人員和財務；後來我們又加了一項：「社區」。各個部分又分列數項任務，都是我們的員工、客戶和股東希望我們做得更好的事情。其中有一些是任何企業都需要的，例如：「銷售成長」、「員工缺勤率降至最低」；有些則是零售業獨有，像是關於賣場人員的要求，不管是客戶或員工，例如：「通道淨空」、「找得到我要的東西」、「不必排隊」等等。各項目均擬妥年度目標，每週進行評估和檢討，十二個月後再調整目標，每季並送交執行委員會審查，評估它的進度。各個賣場或團隊的執行狀況以紅綠燈來表示，穩健地朝著目標前進就是綠燈，狀況欠佳就是紅燈。

就在那一刻我就看出這個簡單工具的強大力量。正如卡普蘭和諾頓的保證，這個工具幫助我們看清願景、釐清策略，整合我們的策略目的，不但可以靠它來計畫及設定明確目標，也能加強回饋，從賣場實務中學到更多。擬訂「方向盤」這項作業也讓管理高層認識到，策略不是口頭上說個大概就好，而是要在實踐中展現意義。「方向盤」在日常管理實務上帶來新紀律與共識，我們的管理才不至淪為你爭我奪或筒倉心態（「是有問題，但那是某人的事。」）。

總而言之，「方向盤」就是簡單又實用。對於「管理工具」，員工大都置之不理，只是企業報告中的紙上談兵，或者貼在公司餐廳的某個昏暗角落的公告事項。靠那些工具無法領導企業，就好比開車不能靠操作手冊。但我們這套「方向盤」卻可以應用到企業的上下裡外，包括每個部門、每家賣場。「方向盤」的每個區塊考察四到五個活動，因此總共只進行約二十項衡量。不過更深入來看，各項目底下又有更多細節，到最後就能跟個人目標和賣場績效連結起來，並且更深入地觸及賣場的各個團隊。

就用這種方式，幾千個人的日常工作都能跟大目標的扼要總結直接連結起來，我們所有的團隊，無論他們在哪裡工作，對於賣場的營運績效都能一目了然。清晰、透明而且可以信賴，最重要的是保持平衡。公司的每個部分都有其努力的目標，不會互相妨礙。

最棒的是當公司必須調整、改變的時候，「方向盤」也幫助我們以平衡的方式來進行。要在趨勢成為「流行」之前就看出來，這樣的零售商才會成功，而最成功的零售商則是創造流行，安坐趨勢尖端向前奔馳。而「方向盤」就能給予公司「妥善管理多年期產品開發流程的能力，或培養出尋找全新客戶群的能力。就未來的獲利表現而言，這些能力比較有效而一致地回應管理現行營運還要重要。」（再次引用卡普蘭和諾頓的原文）「方向盤」幫助我們實現這樣的變化，其中有些計畫耗時數年，牽涉到整個企業不同部門的許多不同流程，包括：運用新方法來設計賣場、開發新的商品範疇，以及運用新模式整備賣場。

在我們一路成長的同時，這套工具成為我們管理的工具，而且是唯一的工具。它讓我們信守「既是全球又屬地方」的主張，還保留著倫敦東區發跡的路邊攤精神。我也不必坐在切森特自己握著「方向盤」指導波蘭或韓國的賣場，那些事就留給當地團隊即可。我們在全球各地的每一家賣場，都有自己的「方向盤」，由當地管理團隊量身打造以反映當地的文化與習慣。集團中的每一個人，無論他們在哪裡工作，都確實明白自己的團隊想要達成什麼。我們在世界各地都採用相同的績效指標，但根據當地市場狀況來設定合適的目標，例如，我們會注意各地賣場的排隊長度，但依照各地賣場的忙碌程度，對其要求又各自略有不同。

這麼高的可靠性也提供我們許多方法來衡量進展，從公司整體到各家賣場的角度來檢測策略是否發揮功效。更妙的是，我們可以藉此發現並解開這個管理者經常面對的難題：目標雖已達成（減少缺貨狀況或降低成本），但所期望的結果卻未實現（例如提升個別賣場的銷售）。

各位可能覺得商業界一些資訊很容易測量。說簡單是簡單，因為許多商業活動都是一再地重複。事實上，我們也希望它一再重複。如果你能創造出更多可靠流程，結果就愈容易預期，也愈容易檢測。如今蒐集、研究資訊的花費都相當便宜，通常在各個方面都有標準方法，諸如財務方面等等。

但要測量資訊，偶爾也會帶給組織一些問題。常見的情況是，你設定一個目標，希望引導企業朝向某個結果前進，當目標達成時，預期結果卻沒有出現。例如，你認為結帳隊伍的人數，是衡量結帳速度是否令人滿意的指標，因此我們可能把「減少結帳排隊人數」做為目標，但排隊人數減少並不見得能提升結帳服務的滿意度。為什麼呢？因為顧客在意的不是人數，而是排隊花了多少時間。

有時候兩種衡量指標也可能相互衝突。例如，有時我們希望減少排隊人數，又要求結帳員記錄更多客戶資料（例如顧客的年齡、是否使用折價券），這又會影響結帳速度。任何組織要設定目標時，都會碰到這個問題。像這種「達成目標」卻得不到想要結果的例子，英國健康醫療服務體系多得是。例如，衛生部考核救護車服務，多年來都以反應時間而不是病患的臨床結果為準。這個標準帶來的後果是，根據某官方報告指出：「對搶救重症患者而言，八分鐘反應時間的目標可說是全世界最嚴苛的。但因為不對病患救護結果採取更直接的關注，前述標準已經造成績效衡量和管理上的偏差，例如多派救護車出勤，到了現場後多餘的又空車返回。而其適用的病患種類也超出原本設定。」另一個例子是對於計畫的控管。由於民眾投訴地方議會審核計畫的時間太長，政府因此設下期限。議會為了確保符合時限目標，乾脆先予否決比較省事。

當然，你也必須明白，有時候最好的衡量標準不會很明顯，對此我岳父布蘭克（Herbert Blank）就有親身體驗。他過去是以販售商用洗衣機給飯店、餐館、醫院及其他機構為業。當時他們獨一無二的競爭優勢是一種隱形記號筆，確保任何東西都不會在洗衣時失蹤。布蘭克到世界各地做生意，一九六〇年代初期甚至搬了一台機器到蘇聯參加商展。他的攤位反應冷清，只來了一位參觀者，竟然就是蘇共中央委員會第一書記赫魯雪夫（Nikita Khrushchev）。赫魯雪夫一心以為蘇聯在科技上可以超越美國，因此一向留意創新發明。他對布蘭克的機器很感興趣，但邊看還是邊說了些刻薄話：「它要是可以把莫洛托夫（Molotov）的內褲洗乾淨，就是個了不起的發明啊。」然後又說蘇聯正是需要這種技術。

我岳父很高興，現在問題只剩找人核准這筆買賣了。他事先做好功課，在層層官僚中找尋有權放行的單位。人是找到了，但對方說他愛莫能助。布蘭克找過他的部屬，也拜託過他的上司，全都無濟於事。經過無頭蒼蠅般四處碰壁的一個月以後，有位朋友說這種官僚體系要從不同角度來解讀，找看看誰最常去黑海度假，那傢伙包準是位高權重。布蘭克果真苦心研究誰最常去黑海度假，才發現度假頻率跟官階還真的沒什麼關聯性。最後他總算找到最常去度假的那個人，而對方也真的核准布蘭克賣洗衣機給蘇聯。所以你瞧，蘇聯的真正權力結構可不是你一眼就看得明白。

我們在特易購發現，那些能描述出客戶想要什麼的辦法才是最可靠的，就算當中頗有疑慮也最容易驗證。而那些管理者認為最簡單、卻不反映客戶需求的辦法就很容易出紕漏（往往就會發生一些事情，或者是由另一項流程伴隨出現）。書籍庫存的電腦資料就是個很糟糕的例子，這是告訴你賣場是否有某本書的紀錄。這項資料很容易建立，也很準確，可以馬上告訴你店裡有沒有這本書。但糟糕的是，它無法告訴你這本書在哪兒，到底是在架上或者是在倉庫。我們每天半夜補貨上架時，才會知道它在哪兒。光看資料會覺得我們做得不錯，但員工可沒那麼多時間可以立即找到那本書。結果是：商品一定在店裡，但誰都買不到。就客戶來看，這就是缺貨。

我們從這件事學到的教訓是，必須採用更廣泛的措施來提高客戶滿意度，這些辦法既不能相互衝突，也不能獨行其是而毫無關聯性。例如，商品不但要找得到，也得讓顧客買得到才行。這讓我們避免零售業常犯的毛病：一味誇示商品類別有多少，架上貨品排得滿坑滿谷，個別商品或重要品牌卻遍尋不著。就是**要以顧客「能買到他想要的東西」來維持適當的平衡**。總之，我們已經明白的商品類別和方便尋找之間的完美組合，有賴於購物者主觀且個人的認定。

我們也運用類似的簡單辦法來關照客戶另一方面的滿意度。我們發現，客戶說「通道清爽」不只是指箱子沒亂放亂擺，也表示簡單的賣場設計才是方便使用。同樣的，「價格不錯」就是訂價和訂價行銷唯一可靠的指標。「不必排隊」則涵蓋了結帳櫃檯周圍的重點。「店員很棒」則告訴我們整體服務的情況。我們開發出許多更精確的辦法，但我們的表現好不好全看那些顧客的評語，那些才是真正的重點。把握住這些重點，企業中的每個人才會理解顧客想要的購物經驗，包含從價格到服務等各方面。

腳踏實地

平衡的組織是管理高層兩隻腳都穩穩踩在地上，不因夢想而好高騖遠，要進行的計畫和方案必定切切實實，並且持續不懈地關注行動。我總以為特易購雖然有著跨國大企業的軀體，猶然不忘寇恩創業的初心。要平衡這樣一家公司可得花費不少心力。

首先，有一項活動幫助我們維持組織平衡。它能夠打破各部門之間的樊籬，讓大家看到特易購整體運作，而不再只是限縮門戶各自為政。讓每個人都明白自己可以安身何處，了解自己有何貢獻，自己的決策和行動對其他部門造成什麼影響，使得他們的貢獻和方法就整體而言臻於平衡。最棒的是，這會讓員工明白衡量和管理上一些細微調整，就能對組織其他部門的績效帶來很大的貢獻。這項神奇活動叫做「TWIST」：**特易購賣場體驗週**（Tesco Week In Store Together：這個想法真的很棒，不過我承認名稱有點遜）。

「體驗週」大概是我處理官僚問題一段時間後出現的。雖然管理高層花了很多時間在賣場上，我自己每週排出兩天巡視賣場和倉庫，但我也明白我們就是難以擺脫其他組織也會碰到的問題：大家都被綁死在辦公桌上，不管是真忙還是瞎忙，全都陷於工作的泥沼之中。我也知道巡店只是走馬看花，每家賣場頂多駐足幾小時。如此的匆忙，也表示我從來沒做過我們五十萬員工大部分的日常工作，諸如：結帳櫃檯、補貨上架、倉儲等等。不管是我或其他管理高層，都無法在這麼短的行程中了解賣場人員真正碰到什麼挑戰，或者某項新方案在執行上的瑣碎問題。想要深入其中，管理高層（事實上是任何管理階層）就必須花更多時間親自上前線。

所以我給自己一個挑戰。每年都要排出一週到賣場當助理，實際操作賣場的各種工作。結帳、補貨上架、後台作業、訂價、客戶查詢和其他櫃檯工作，你想得到的我都做。然後我對那些高級主管（包括各店經理，共三千人以上）說，在我明年「體驗週」之前，希望各位也開始下放勞動。這是我們高層之間的簡單約定：要是我做得到，各位也可以。他們果然都做到了。

我挑好店之後（赫福德郡羅伊斯頓的一家大型超市），等到週五才打電話給那家店的經理，跟他說下週一他會有個新員工。我不想讓他有太多時間去擔心會發生什麼狀況（當然，那個週末他可難捱了），也不想讓那家店費心為我特別安排些什麼。

結果那段時間是我整年收穫最多的一週。例如，特易購是全日無休，一天二十四小時運作，但我過去其實不太清楚賣場一整天都需要做什麼。現在我曉得了。我很感激做那些工作的人（從辛勞的半夜補貨上架，到擁有許多知識才能處理複雜要求的客詢服務台）。這也讓大家有機會看到我在某些任務上是多麼笨拙。我擔任結帳櫃檯時動作特別慢。但我記得有個很有耐心的顧客對我說：「你做得不是很好，不過你很努力！我想你在特易購會有前途的。」

在那一週結束之前，儘管我很高興地發現賣場運作基本上很穩定，但也因此才真正明白有些事做錯了，這些錯誤都不是你站在旁邊看或巡店就看得出來。我從賣場回到總部帶回許多想法，但「體驗週」不是這樣就完了。真正重要的是那三千位在我之後參加「體驗週」的高級主管。這三千人的體驗週全部加起來，等於一個人在賣場工作六十年，他們的第一手經驗對整家公司都很有啟發。主管們也都發現，這些體驗讓他們對看待自己工作的方式帶來一些改變。他們都認識到自己的行動和決策對其他人造成什麼影響，也都明白這層認識非常重要。透過賣場體驗，他們才真正了解自己是這家大企業的一員。某些事情對專家來說也許是一個很小的決定，例如員工制服的設計、某項商品計畫或員工輪班等等，但這個決定卻會改變幾百人甚至上千人的工作方式。只是坐在遙遠的辦公室裡，很難理解這些事情，一旦你親身體驗之後馬上就能明白。成果之一是，參加過體驗週的人也都體會到自己工作的價值，因為他們都親眼看到自己決策的影響力。

於是各種「體驗週團隊」都出現了，大家選定某個部門一起進行研習（例如麵包糕點烘焙或服飾等），大家一起工作，要是有問題也能很快發現並解決。例如，我們發現董事們進行補貨上架不如預期順利時，就對賣場蔬果部的員工人數進行調整。連執行委員會也下放勞動了一個禮拜，接管英國某家賣場的經營（恕我不便透露營收是增是減）。總之，讓我們的經理人實際到賣場工作看看，就可以幫助企業維持平衡。

短期與長期

「所有軍事計畫的重點就在時機。再厲害的計畫若挑錯時間，發動得太早或太晚，輕則事事難成，重則大禍臨頭。」斯利姆寫道。對企業來說也是如此。**平衡的企業不只是團結一致向前走，而是在正確的時間，跨出正確的步伐**。有些人覺得自己受制於外在事件和他人行動，總是身不由己，在現今瞬息萬變的世界中這種情況尤其多。要是認命地接受，就等於被你的電郵信箱、競爭對手和全球經濟種種難以預料的發展牽著鼻子走。沒錯，企業競爭、組織營運都是在一個由眾人形成的世界中進行，但是優秀領導者和企業家總是可以嗅出機會採取主動，決定何時採取行動，以及採取什麼行動。這一切都是深思熟慮之後，謹慎小心地進行。**平衡企業的絕大關鍵就在於挑對時機**。但要怎麼挑呢？

遺憾的是，此事沒有放之四海皆準的模式，但有兩件事情至關緊要：**你要自己做出決定，而且自己選定時間進行**。「什麼都不做是不行的。」管理者常常如此被告知。但為了保持平衡，避免魯莽地進行冒險，「無為」也許正是最應該的作為。你也許還沒搞清楚面對什麼挑戰，或者還找不出應對方法。等你把狀況看得更清楚些，或許就知道解決之道也必須花點時間才能恰當執行。我學到的最大教訓是，挑戰愈是嚴厲、決策愈是重大，你更必須等待時機、做好準備，只有在你能夠團結整個組織跟你一起行動時，才是向前跨步的時機。

我們特易購在採取行動之初，總是盡可能緩慢而謹慎，因此那些難以避免的錯誤就不會太大。等我們在實務上具備足夠經驗時，我們會試著進行一些投資，有時是針對個別國家或部門投入相當多的資金，但一定會耐心等候時機。特易購可以花費大約三年的時間來研究某個新國家，探究適當的切入途徑和時機。當我們跨足銀行業，想根據我們的客戶基礎來建立一家銀行，也很清楚這需要一個世代的時間。我們已經準備好要等那麼久，因為加快腳步只是在冒不必要的重大風險（那些以為要加快腳步建立銀行事業的業者，通常也在二〇〇七年金融危機碰到最大的麻煩，因為時間壓力讓他們承擔太大風險）。

大多數經理人的決策不至於如此重大，因此一般來說，快速決策是個好習慣，只要你能充分掌握資訊並理解，而且這個決策不涉及重大風險。搶第一可以擺脫競爭者，讓你獲得大家關注，博得「創新者」名聲，是創造趨勢而不是落後追隨。搶第一可以宣示你跨入新領域。幾年前我們搶先推出無鉛汽油，打出「領先無鉛」（on lead we lead）的口號，對我們提升汽油零售占有率很有幫助。同樣的，我們在每個櫃檯增設英國彩券投注電腦，首推手機儲值櫃檯服務，都因為領先創新而搶得先機。凡此事例在在昭示著「兵貴神速」，你搶先行動，對手就會失去平衡。

但爭先搶第一的動機值得深究。如果只是為了滿足短期需求，先應付一個星期、一個月甚至一年，或者只是為了超越去年同期的表現，反倒容易讓公司失去平衡，導致企業只憑衝動或權宜之計做決策。儘管大家都想做點長期有利的事情，卻又一再推拖延宕，「老天啊，讓我想想長期吧，但不是現在。」等到下個機會到來，所面臨的壓力還是一樣，也同樣又選擇了另一個只顧短期的辦法，例如討好客戶讓他們暫時向你採購，或者縮減服務以符合預算要求。不消多久，整家公司都陷於短視的思維，所謂長期只是一個接一個的短期決策。原本只是要節省時間的快速決策，最後卻浪費掉幾個月甚至幾年的大好時機。這時候優秀管理者必須要喊停，不管延誤會造成多麼明顯的後果，也要先花足夠時間正確理解主要問題，需要哪些基本改變，才能提供長遠的解決辦法。

但就算你按照計畫施行，具備充分的證據和資訊，仍然可能太早行動。在一九九○年時，我們就認為消費習慣正在改變，大眾都想購買添加物少且不危害環境的健康食品，所以我們順勢開發乾淨無汙染的瘦身、綠色產品。二十年後來看這個市場，我們可說是慧眼獨具領先潮流，瘦身、無汙染和環保如今都成了時代訴求。但我們提早了十年。我們的確洞燭機先發現真正的趨勢，卻沒有準備妥善，不敵一九九○年代初期的經濟衰退。

平衡組織在決策時趨於順暢，而非不經思考地跟著潮流走。管理者明白時間是管理的要素之一，他們知道決策不但要決定採取什麼行動，也要考慮何時發動，同時注意到短期決策和長期思考的差異。我們的「方向盤」一向包含長、短期項目，有立即施行的任務，也有為來年準備的計畫要項。

當然，許多組織面臨壓力，時時刻刻都必須交出短期成績單，因此要設定長期目標可說是挺奢侈的。例如，股票上市公司就要考慮到許多不同的利益團體，從員工、股東到媒體，其中許多人只想看到眼前的成功，萬一無法定期達成即招致嚴厲批評。以特易購來說，許多基金經理人只關心公司股價是否達到某個水準，公司要是採取什麼策略行動，最重要的就是當天股價上漲或下跌（當然也有例外，例如巴菲特的波克夏・海瑟威〔Berkshire Hathaway〕控股公司）。我在特易購擔任執行長十四年，感謝那段時間大家的努力，公司表現優異，而股價也反映出這一點。那段期間是長期持有特易購股票的好機會，很多基金都賺了錢（我也是）。那段期間特易購股票的交易股數是總發行量的八倍（就市場標準而言算是偏低，上市公司交易量平均是累計八個月即達總發行量）。

但最重要的還是長期發展。你只要看看那些最好的私營家族企業就知道長期思維對企業有多麼重要，就此而言，任何平衡組織都是如此。畢竟有些企業的表現（以持續性的財務報酬而言）就是優於上市公司，儘管它們有著明顯的限制，例如籌資管道有限，還有接班、優秀人才選拔不易等問題。

家族企業在長期計畫和短期需求之間較易達成平衡。長期計畫顯然存在於家族基因裡，他們會以世代來考量，而不是以年度報告週期做思考。計畫的擬定是根據達成目標所需的時間幅度，而不是一味地只想討好股票市場。西敏公爵（Duke of Westminster，英國首富之一）曾經告訴我，一〇六六年諾曼第公爵征服英格蘭，派遣他的祖先到切斯特（Chester）鎮壓棘手的威爾斯地區，他們的家族企業就此展開。從那時候開始，他們的公司一直延續至今。當其他人在抱怨哪個經濟衰退多麼艱難的時候，他輕聲細語地表示他們公司經歷過兩百次經濟衰退和五十場戰爭。

沒有法人投資機構在前面盯著看，這些企業無須面對壓力，每季按時公布獲利成長。他們可以針對競爭狀況迅速採取行動，也可以為了長期目標暫時犧牲短期獲利。各位看看腳步靈活而快速成長的中國家族企業，為了因應競爭態勢和科技變化，早已數度重新改造自己的營運模式。

家族企業即使股票上市後，表現也比其他上市公司好。老闆過去的商業經驗使這些公司更有自信，決策更為平衡，也比較了解對公司真正重要的事物。優秀的家族企業會吸收上市企業治理實務的優點，讓下一個接班世代在自家企業之外獲取豐富商業經驗，從而帶進許多新想法。最重要的是，家族企業比較可能擁有一套指導原則，即使在外人眼中似乎不合時宜，卻是他們信守不渝的方針。長久貫徹下，這種清晰明確的目的會帶來價值的累積與倍增。凡此種種雖非保證，卻都是卓越商業表現的先決條件，而且都能促進平衡。

我在特易購工作時，曾遇過好些家族企業並跟他們合作，親身見識到那些創辦大事業的優秀企業家特質。其中特別值得一提的是塔塔公司（Tata）。

特易購決定在印度投資時，曾花了很長時間考慮誰會是當地的最佳合作夥伴。有兩個因素讓這樁投資變得有點複雜，而且時至今日也還是個挑戰。首先，印度不允許外商直接投資零售業，只開放批發和物流等。其次，印度必定會成為一個巨大的消費市場，但時間還沒到。我們想跨足此地的挑戰，就跟印度的版圖一樣大。因此特易購必須耐心守候，而且需要一位志同道合的夥伴。

我們選中的合作夥伴即是塔塔集團，或者更精確地說，是塔塔旗下專營零售的子公司「特倫特」（Trent）。塔塔創業百年有餘，在印度一向備受尊重。該集團跨足資訊、鋼鐵、汽車和消費性商品等產業，至今仍是家族控制，集團領導人是拉丹・塔塔（Ratan Tata），而特倫特零售公司則由拉丹異母兄弟諾爾・塔塔（Noel Tata）掌舵。拉丹和諾爾充滿個人魅力，且從商經驗豐富，都是慷慨大方的企業夥伴，凡此皆是合作關係的堅實基礎。除了這些條件之外，我們也發現塔塔具備道德和專業的高超標準。他們才華洋溢的管理團隊對於時機看法和我們一致，在戰術上快狠準，甚至有些急躁，但是長期策略則是耐心十足，謹慎扎根確保成長。儘管特易購進入印度時日未久，但我們與塔塔合作的星星超市（Star Bazaar）正在迅速成長。

認識塔塔後，看到他們從福特汽車公司收購捷豹（Jaguar）和荒原路華（Land Rover），讓我感到特別有趣。福特和塔塔都是非常優秀的企業，但經營理念大不相同。福特大概是全球最知名的汽車公司，讓大家都買得起汽車，而它也成為全球汽車製造的先驅者。塔塔汽車公司也立志讓發展中國家的人民都買得起車子，但我想塔塔也會同意，它要在全球規模上追上福特，恐怕還需要一段時間。

讓人好奇的是，福特做不到的，為什麼塔塔覺得自己可以呢？答案似乎就在於塔塔不同於福特的管理風格與文化，而這反映在它的股份結構上。福特公司講究的是秩序、條理、流程和層級，這在全球資本密集產業中都是可以理解的特質。而塔塔則是追求更多熱情。拉丹的爸爸是印度最早擁有捷豹XK120跑車的人之一，而拉丹本身更是個汽車迷，也喜愛優秀的設計。儘管企業管理必須冷靜，但塔塔並不想隱藏這份激情。他們認為奢華品牌也需要情感，那麼有誰比老闆更適合表現出這份熱情呢？因此，他們既有主觀信仰又有客觀分析，既注重靈感也注重方法，既有創業精神又兼顧層級管理。他們鼓勵管理團隊要大膽，且提供充裕資金來支持，為了開發新車可以砸下幾十億資金，這樣的投資案需要更多信念才能迅速進行。

我們在特易購也試著保有如此熱情和長遠規畫的辦法，而公司高層主管的特質對此極有幫助。正如我所言，特易購的管理階層也曾是個家族團隊。在我進入董事會之前，家族人士雖已退出，但那種注重長期的思維和行事作風所表現出來的組織歸屬感也都還在。我們試著結合兩種企業所有權的優點，希望既能擁有上市公司透明而優秀的治理，又可保有家族企業的長遠展望。大多數高層幾乎畢生都為這家公司效力，我們的執行委員會在公司的年資平均超過二十年，大家長期奉獻於此，為經營策略、員工和整個企業而努力，這種奉獻意識為整個特易購帶來一種家族感。秉持長期目標在心，我們在面對某些投資人時，就能在短期壓力下仍然保持平衡。

我們許多決策都考慮到「長期」，例如，我們跨足新國家，可能花了十年來開設賣場，連結成一個網路，接著再花十年讓自己成為消費類的領導品牌，而我們已經在十幾個國家如此長程布署。再說到我們的賣場，涉及房地產是要向前展望三十年的長期投資，而我們賣場的自有地超過七成。最重要的是，我們的營運絕不違背公司一套明確的價值觀，也從不忘記我們的核心宗旨，就是為客戶創造價值，以此博得他們一生的忠誠。要建立這種一輩子受用的忠誠度，你一定要有長遠的眼光，而這個眼光就來自於均衡的管理。

「即時」的平衡計分卡、「方向盤」、持續數年的產品開發，這些都是商業用語。說得更明白一點，特易購的成長有賴於我們在整個企業執行一套策略，審慎檢視使之得以在組織內部各個層面有效運作，然後可以進入到下一個成長階段。要做到這一點，我們不只是要團結努力，還需要一套可以兼顧平衡的方法。此外我們也需要一種簡單的方式來運行。

參考書目

❶《轉敗為勝》，斯利姆，第413頁。

❷《平衡計分卡》，卡普蘭和諾頓合著，哈佛商業評論（Harvard Business Review Press）出版，一九九六年，第viii頁。

| 第七章 |

簡　單

簡單是一種永恆的力量，
也是創造精實組織的踏腳石

一個平衡的組織讓大家得以一起行動，朝著正確方向前進，而不會被官僚體系牽著鼻子走。

我們生存的這個世界變得愈來愈複雜。組織愈變愈大、科技愈變愈強，國家、企業和人民的關切也愈來愈緊密。在許多發展中的國家裡，人口超過百萬的城市漸多，再加上資訊革命的發展，表示有更多人在擁擠環境中過著忙碌、匆促的生活。我們所要面對的挑戰，不管是一個國家、企業或個人，也隨之更趨複雜，包括：氣候變遷、企業的資訊化或個人工作與生活的平衡等等。

在如此繁忙的生活中，再加上資訊大爆炸而須面對這麼多選擇，可真是雪上加霜。《紐約時報》週間版的資訊量，比十七世紀一般英國人一輩子所接收到的還多。❶現今英國一家普通超市的商品項目可達四萬種，反觀一九五〇年代時只有兩千種。

我們自己也沒讓生活變得更輕鬆。隨著組織的擴張，尤其是政府，疊床架屋的官僚體系與繁瑣冗雜的流程變本加厲。英國健康醫療服務體系（在短短五十年內成為歐洲最大的雇主）從一九九九至二〇〇九年間員工總數增加三〇%，而主管人數更暴增八四%。❷官僚有一種運用自身專業擴張領地且嚴守地盤的排外傾向，因此誰想進行改革和簡化都非常困難。以英國來說，九個政府部會的預算有一半以上是花在平行或下屬機構上。一份官方報告指出，考慮削減開支時「各部門因為對成本與風險的認知分歧，比較不容易進行必要的長期改革。就迄今為止的檢討來看，各部會尚未發展出低成本營運的新模式。除非它們能根據永續低成本基礎找到足以確保目標的新方法，否則各部會無法實現資金的長期價值。」❸

政府和各類組織的擴張膨脹，伴隨而來的是公文等文書雜件堆積如山。目前英國的法令規章文書專冊超過兩萬一千種，從一九九八年以來商業法規制定引用累計花了將近九百億英鎊。❹稅則是另一個顯例，英國稅務法條從一九九七至二〇〇九年增加了一倍，達一萬一千五百二十頁。❺

變化速度如此之快，要拜微晶片的強大力量所賜。根據「摩爾定律」（Moore's Law），積體電路上可容納的電晶體數目大約兩年可以增加一倍，而且成本低廉。這對許多數位電子設備帶來直接影響，例如，運算速度、電腦記憶體的容量，也幾乎是翻倍成長。

如果這一切讓你想大喊：「快把世界停下來！我要下車。」，我個人深有同感。當個人時間愈趨緊迫之際，我們也都想要更輕鬆、更簡單的生活。可以提供這些便利的企業和政府即可成功，無力因應者就會失敗。繁文縟節、長篇大論的決策過程，只會讓企業利潤減少，政客流失選票。現在最重要的就是能夠改變，而且是快速改變以因應新需求、新挑戰和科技的新衝擊。但**要在任何一個快速行動、快速成長的企業進行改革可不容易**。我的解決方法很簡單，就是**把事情變簡單**。

目標簡單可以帶來專注；簡單的陳述容易理解；簡單的事情容易學習，做起來省時又省錢。簡單的系統建立不費時，容易修正調整，也的確讓使用者更滿意。簡單就是斬亂麻的快刀，迅速解決生活中的疑難雜症。

最有力的想法和解決問題的答案總是簡單到讓人不敢相信。真正有影響力的領導人都明白這一點，他們曉得簡單才是力量。「自由、平等、博愛」、「我思故我在」、「各盡其能、各取所需」、「有繳稅就有代表權」這些都是把複雜的觀念套入簡單的說法。要提煉出精髓當然需要時間也要很努力，但訴諸簡單後就成為強大力量。

但是，「簡單」有時候也會令人皺眉頭。原因之一是誤將「簡單」當做是「過度簡化」。我們從文化中學習到的觀念，往往認為深刻且多角度地理解生活才是睿智的表徵。那些雄辯滔滔，一開口就夾雜長串術語的人讓我們佩服，說不定還希望他們能為那些複雜挑戰提供答案。

簡單也可能跟「容易」搞混，事實上要讓想法簡單、觀點簡單可不容易。波諾（Edward de Bono）曾以此為題寫了一本好書：《簡單並不容易》（*Simplicity is not easy*）。馬克吐溫曾經收到出版商電報說：「需要兩頁短篇故事，期限兩天。」他回覆說：「兩天寫不出兩頁。可以兩天寫三十頁，或者三十天寫兩頁。」

馬克．吐溫的答覆正說出作家（包括在下）的痛苦，要用簡單話語表達複雜想法並不容易。這個要求非常嚴苛，很困難也很花時間。二次大戰後，高爾斯（Ernest Gowers）爵士受命撰寫一本指導手冊，傳授英國公務員以白話寫公文的技巧。這本《完全簡單語文》對任何希望有效溝通的經理人而言，都是必讀本。高爾斯寫道：「寫作是心靈傳遞思想的工具，寫作者要做到讓讀者快速而精準地理解。」他說，文章鬆散、含糊不清或者使用術語行話的毛病，「並不是顯得沒學問，而是沒效率。這是在浪費時間，原本應該平易清晰的文章讓讀者感到困惑，浪費他們的時間；作者必須再次說明他們的原意，也浪費了作者的時間。原本第一次就能完成的事情，卻因為搞砸了才必須做第二遍。」高爾斯的「金科玉律」是「挑選那些可以傳達意義的字句，而且只用這種字句」❻。少即是多。

但是，讓事情變簡單也會對人帶來威脅。簡單迫使我們去除不必要的流程，也許還要裁員，或者得費力地說服員工（尤其是既得利益者）改變工作方式。簡單也會帶來透明，釐清責任歸屬，反之混淆不清的官樣流程容易藏汙納垢，躲藏著無效率、閒置和績效低落。複雜流程往往帶來混亂不明的指揮鏈，沒人知道誰該負責什麼。

不注重「簡單」會讓組織的流程窒礙不通，例如，流程的目標不夠清晰明白，沒人寫明必須採取哪些步驟、由誰負責執行（在第五章談過），所以大家各做各的，都在做自己認為可以達成目標的事情。等到必須提高效率時，還不徹底檢討「我們到底要完成什麼？」而只是就現有流程發表官樣文章，這就把狀況搞得更加複雜。

準備完成新目標或克服新挑戰時，大家通常是增設新流程，而不知道要問「有什麼是不須再做的嗎？」或者「我們可以改變系統來達成新目標，讓系統簡單化嗎？」於是原本可以含括整個組織任務的簡單想法，變得愈來愈混亂。就像棵聖誕樹一樣，上頭的吊飾掛了一大堆，你就更不容易看清原本簡單的模樣。

力行簡單化

把這些觀察運用到零售業裡，你就會知道為什麼簡單很重要。一家超市販售上萬種商品，物流作業繁瑣，店裡要有番茄醬、冰淇淋、刮鬍刀、番茄、洗髮精，當你想要買時賣場上必須要有。每件商品都必須包裝、運輸、拆封、上架。再想想店裡的顧客，每個都不一樣，每個裝滿商品的購物籃也都不一樣。一家商店要怎麼吸引口味不一、預算不同的各種顧客呢？再說到競爭，對手們也想搶那些顧客。他們會有不同的定價，你要怎麼跟他們競爭，展現出不同的特色呢？最後，還有必要的改變，不只是因應長期趨勢，例如社群媒體的興起，更要顧及短期流行或者天氣突變因素等影響。

我被任命為執行長不久就發現，特易購很難對付這些挑戰，因為它的整個系統太過複雜，東西愈來愈多、計畫日益膨脹，原本的簡單任務也變得凌亂不堪。我們一次進行幾百個計畫案，要把決策付諸行動愈來愈難。所以，我們顯然必須做些修剪和清理，**讓大家不必再為一些不必要的事情瞎忙，只做必要的工作，事情才會更專注也更簡單**。

我想在公司裡建立簡單新文化的希望，很快就得到經營團隊的支持，也許是因為這個想法原本就存在於組織裡。當年寇恩在倫敦東區擺攤兜售時，並沒有充裕時間、資源或空間來負擔複雜流程。正因為規模小，他就必須更專注，力求簡單、減少浪費。對此我們牢記在心做為指導原則，讓我們的流程「更好、更簡單、更便宜」。每一項改變、每一次創新都必須經過測試：每項改變都要讓顧客更滿意，公司的成本更低，但員工操作更容易。

我們希望顧客「採購更方便」，免除賣場內部和設計上的多餘裝飾，各種設備的擺設也力求簡潔。因此在幾年之內，設立賣場的單位成本由每平方英尺二百三十英鎊降低為一百五十英鎊，而且這些新店面都更加受到顧客和員工的喜愛。簡單的建材和技術讓新賣場的設立時間縮減一半以上，省下更多成本。**店用設備的標準化和簡單化讓我們雙重節省，第一省來自大宗採購，第二省是操作使用的說明和訓練更方便**。補貨系統的便捷化，讓我們的備用庫存減少，也對應節省了賣場空間。

不過，為員工簡化流程才是最大的好處。我心裡有一套判別員工作業流程是否真正簡單的標準，叫做「ABC」測驗（也算是簡單好記）：「簡單是能夠做到（Achievable），會帶來效益（Benefit），而且清楚（Clear）」。

「做得到，新流程第一次就上手。」員工會這麼說。他們會擁有合適技能，具備必要資源，來做那些必需的任務。「效益」——這個流程可以幫助我們實現目標，或者提供彌補、維修。「清楚」——它必須容易記住，也便於向別人解釋，大家不必人手一本手冊才能理解別人在說什麼。

也可以把「簡單」化為習慣，將之提升為一種「價值」。它的優點是，如果「簡單」被視為珍愛之物，大家都欣賞這種特質，組織寶愛這目標，那麼組織成員就會以此為基準來思考流程，在面對問題時尋找簡單的解決辦法。但正如波諾博士的明智之言：「更重要的是，不只把簡單看做是一種價值，更要成為一種習慣。也就是說，一旦我們開始思考，設計流程時，自然而然會考慮到簡單。價值可能被忽略，然而一旦成為習慣就不會被忽略。」[7]

一旦新的簡單流程變成習慣，也許有人會問：「這麼簡單，為什麼以前都沒想到呢？」這難題的答案大概就是沒有找對人、問對問題：「你可以讓這個流程更簡單嗎？」很多企業只曉得聘請策略分析師或誇大不實的人來簡化公司系統，他們坐在辦公室裡，距離作業現場非常遙遠，這些專家根本不知道流程實際運作狀況。要知道怎麼簡化流程，通常直接問那些第一線員工最清楚，因為他們每天都實際在執行任務。每一位在特易購工作的成員，我們都鼓勵他們提出建議，讓他們的工作可以變得更輕鬆。要是他們的想法被採納運用，就會獲得「價值獎」以表揚他們的貢獻。我們藉此激發出幾千則建議，影響了許多基本項目。

首先，是一瓶水。不久以前，瓶裝水都是裝箱用貨車運來，在賣場後頭拆封、堆上手推車，再拉到賣場上架。這表示瓶裝水都要經過好幾道工序的處理，很耗費勞力，而且時間就是金錢。現在，供應商把貨箱放在帶輪托盤上，直接裝上卡車送來，到時卸貨就連著托盤直接推進賣場裡。東西賣完了，超市再把托盤送還給供應商，讓他們補貨運來。你會覺得，原本就該是這種作業方式吧。但真的要這麼做時，整條供應鏈都要做些改變：要把貨箱放在托盤上直接裝進卡車，工廠那邊的出貨就必須做些改變，卡車車箱也必須做些調整，以配合托盤的大小。

我們對蘋果的處理也經過類似的調整。蘋果到結帳櫃檯計價時，需要特定的代碼，麻煩的是，不同品種的蘋果有不同代碼。因此，結帳人員必須靠照片比對，才知道顧客買了什麼蘋果。這太浪費時間了。後來團隊中有人發現，供應商送來的蘋果，每一顆上頭都貼著一個小號碼，不同品種的蘋果有不同的號碼。那麼，我們為何不利用這個號碼來結帳，以簡化流程呢？就是這麼簡單，而且就是這麼理所當然。於是我們改用這種方式，節省了顧客的時間，也節省我們的成本。

還有三明治也是。我們賣的三明治，結帳條碼是印在背後，以免破壞原本的包裝設計。但三明治保鮮期快到時，我們會做特價促銷，三明治正面會貼上促銷貼紙，背面又要貼上新條碼。也就是說，員工必須正、反面都貼上新標籤，而結帳人員也必須看正、反面。特易購一天賣出一百萬個三明治，查看標籤這件小事全部加起來可就浪費掉許多時間，這也表示顧客要等候更久。賣場有人注意到這件事，就建議不如把售價和條碼都印在包裝正面。這個做法讓我們節省了五十萬英鎊。

當然，新技術可以幫助簡化流程，但你一定要先搞清楚自己想要什麼結果才會有幫助。我在擔任執行長期間，讓特易購達成許多減省，主要是讓完成目標的時間縮短。例如在英國，從二〇〇八至二〇一一年之間，我們改善結帳櫃檯的電子掃描流程和系統，每週省下一萬八千個小時；就賣場存貨管理，引進手持設備和電腦，每週可節省三千五百個小時；對於購買汽油的顧客，我們讓他們在加油機結帳，每週節省了兩千三百個小時；還有，增設自助櫃檯，每週節省兩萬一千個小時。這四項創新措施總共節省了超過四萬個小時（雖然每項一開始都需要相當大的投資）。不過這些也不算什麼，我們把商品放在帶輪托盤上，從貨車卸下就直接在賣場完成上架，每週就省下四萬三千個小時，一年兩百二十三萬六千個小時。所有這一切不過就是把流程變得更簡單化而已。

這些往事讓我想起那個不起眼的塑膠托盤，正是簡單想法改變整套系統的最佳範例。這個例子是關於蔬菜、水果的供應鏈。

蔬菜水果由農民送到批發市場，雜貨店老闆趁著它們還新鮮時前去採購，再漂漂亮亮地擺出來賣。蔬果販售可說是總結了大家對於食品採購的理想期盼：新鮮、健康而且選擇多樣。但是過去幾十年來，理想與現實之間存在著巨大鴻溝。我成長於一九六〇年代的利物浦，發現本地商販的水果和蔬菜不但價格昂貴，而且品質普遍不佳：生菜軟趴趴、蘋果有暗傷，當然也找不到酪梨或其他外國水果。

那時代的蔬果供給還談不上什麼供應鏈，消費者和農民根本連不到一塊兒。因為不知道要提供什麼，農民只是栽種他們會的作物，然後把收成運到市場，盼望會得到最好的結果。他們不知道市場需要什麼作物，也不知道他們提供的作物可以賣多少錢。農民生計不是撐死就是餓死，作物不是短收而價昂，就是豐收而價賤，不敷成本是經常有的事。不管情況如何，這些農產品都不會獲得妥善的包裝，因此品質飽受損傷，而且市售價格總是很貴。

如此的另一個後果是，大多數人的飲食中蔬菜水果的比例總是不高。我當年進入特易購時，我們的蔬果銷售額大約跟奶油差不多，但現在大概是奶油的四十倍，而且需求年年增加，過去三十年來我想不出有哪一年是下降的。發展中國家的蔬果市場也是如此，印度就是個好例子，只要能夠建立供應鏈，提供新鮮而價廉的蔬果給消費者，需求馬上就會起飛。

這種迅速成長當然很快就讓供應鏈和賣場緊張起來。如今一家繁忙的超市每週可能賣出三十萬英鎊的蔬果。雖然就整家店的銷售總額來看只占一〇%到一五%，但從實物箱運的件數而言可能高達整家店的三〇%。像這樣的賣場，每週交運的蔬果大概是四萬箱。而部分賣場的蔬果區則是相當狹小，大約不會比一百英尺乘四十英尺大多少，因此在忙碌的一天裡，員工可能必須在顧客在旁選購的同時，於狹窄的地面上拆箱、上架幾千箱蔬果。

此外，蔬果的進出，從農產區、批發市場、倉庫一直到賣場，不但花費時間、妨礙顧客選購，這些嬌弱產品也很容易碰傷而造成浪費，所以我們每年又需要十萬公噸的紙箱做為運輸防護，等到蔬果抵達賣場後又要丟棄紙箱。

然後，有員工（不曉得是誰）想到一個簡單的解決辦法：設計出能夠重複使用、又夠堅固、可以保護嬌弱蔬果的塑膠箱，從產地直接裝箱。然後我們又設計能夠疊在一起的托盤，安裝在專門設計的推車上，能十箱疊在一起在倉庫裡移動，更重要的是如此就可直接送進賣場，一個員工（而不是整個團隊）就能輕鬆上架。一趟運輸租用托盤的成本比使用一個新紙箱還便宜，讓農民和運輸業者都省下不少錢，所以他們也都樂於協助我們設計這套系統。箱子都是統一規格，所以從農場、包裝場、倉庫、貨運卡車一直到賣場，所有的處理設備也都依此設計以提升效率，過去各個不同階段使用的大大小小箱子就可全部淘汰。而這種做法就表示，蔬果從農產品裝箱之後，一直到在賣場被消費者選購之前，都不必再搬進搬出，如此就可減少浪費，提升品質。

我們採納這個簡單想法並應用到整條供應鏈上。例如，菜農駕駛活動拖車下田採收生菜，當場直接裝進托盤。這些生菜當天就從農場送進賣場，第二天就上架開賣。

同時，我們也重新設計賣場展示架，以配合蔬果托盤的陳列，這種展示架可以只放一個托盤或者根據數量堆疊陳列。托盤上都有簡單條碼，根據條碼就可追蹤貨在何處，也知道要送到哪個賣場（這是重點）。有這套系統，就算供貨量突然大增，員工也可以輕鬆應對。由於補貨上架如此簡單方便，也就不太占用店內空間。儘管速度加快、數量大增，農產品獲得更好的保護，也比過去來得新鮮。這也是兼顧環保的措施，因為省下了幾萬公噸的紙箱。農民在配銷、運送的成本降低，蔬果在運送途中的損傷也減少了。

更好、更簡單、更便宜。對顧客更好：價格低廉、供貨多樣且便利、品質更優也更新鮮。對員工更簡單：系統一致，處理、移動及補貨更快、更方便。對特易購和供應商的成本更便宜：減少浪費、材料成本降低、運輸成本降低，並且提高勞動生產力。這套系統實在是太厲害了，所以全英國的連鎖超市無不群起仿效，不但在經濟上帶來效益，也有助於環保。特易購也把這套系統帶到世界各地。有些人或許還在懷念市場攤位上疊得尖尖的橘子塔吧。有些東西的確是就此消逝了，但多虧這個簡單的想法，我們都獲得了更多。

簡單想法，大創新

注重簡單不僅可以改善流程，也能幫助企業成功創新。大多數企業對於創新總是十分勞神費力。他們以為創新在本質上必定複雜——對創新最掃興的反應就是：「這不可能這麼簡單啦！」——因而陷入迂迴曲折的複雜思考，甚至對此毫不自覺。就算發現自己想得太複雜，也會以為這是難免的。

就我的經驗來說，最棒的創新就是從觀察周遭世界開始，透過簡單觀察，從你所見事物擷取出簡單結論。洞察思考不必是什麼驚天動地的想法，往往只是換個方式來看待既有事實，把不同事物串連在一起，或是把已知事物應用到新範疇。

偉大工程師布魯諾（Isambard Kingdom Brunel）開鑿泰晤士河隧道就是從細小的鑿船蟲（shipworm）獲得啟發：

> 他看到那種微小生物如何利用構造精良的頭部鑿穿木頭，牠們先從一個方向鑽洞，換個方向再鑽，直到兩洞互通，然後再利用分泌物塗抹洞頂和周圍；布魯諾就是利用這種方式，只是規模大得多，最後才能做出頂部防護，完成他的偉大工程。[8]

有許多最好的商業洞察發現了新趨勢。想要洞見未來，就是看看現在的周遭事物。那些塑造五年甚至十年後社會的事物，幾乎都是早就存在，只是也許還不到最終形式，諸如：中國的崛起、數位資訊、素人秀的流行或老人痴呆症愈形嚴重，凡此都非一夕形成。這些趨勢也都不是什麼國家機密或很難發現。能夠找到這樣的趨勢，明白它們會帶來什麼新需求和新機會，並採取對應行動的社會和企業才會成功。

秉持創新的心靈可以把新觀察轉化成簡單想法，根據清晰的目的，透過許多不同發展階段最終加以實現。在此之間如果不能把握「簡單」的特質，創新不免陷於猶豫，裹足不前，缺乏明確方向。**快易購**（Tesco Express）就是個好例子。

快易購是便利商店。我們成立的第一家快易購是在一九九六年開幕，這對公司來說可是個非常意外的發展，因為之前的二十年來特易購力求轉型，就是不想只是大街上的小零售商店而已。英國大概有一千五百條「大街」，毫無疑問的，特易購在一九六〇和七〇年代的飛速成長，正是發生在這些大街上。當超級市場經營模式從美國引進英國時，本地零售商發現一個大問題：空間。英國不管是城市或鄉鎮，房子大都蓋得非常擁擠，要把鄰近房屋、土地買下來通常都很困難，而且索價高昂。

大一點的商店怎麼會有壓力呢？但零售業的規模經濟效應其實很難確定。大家都以為，零售商經濟規模的最大好處是來自於大量採購。大量進貨當然是個重點，但不像一般認為的那麼重要。事實上，經濟規模的最大優勢就是因為店面變得更大，同一家店裡可以提供更多樣化的商品，再以低廉價格吸引更多顧客。如此一來就可降低營運成本、進一步調降商品價格，又再提升販售量。於是基於店面擴大和大量採購的良性循環就開始了。

當業界開始理解愈大愈好時，特易購也離開大街，轉向郊區尋找更大的店面，不但要提供更多種類的商品，也要為愈來愈多開車前來的顧客提供停車位。但是這些行動當然都有它的代價，為了籌備併購和設立這些大賣場的資金，我們必須賣掉大街上的店面。不過當時的必要之舉，後來卻成為特易購的心態之一：我們就是賣掉小店面才能建造大賣場。隨著品牌形象的提升，這種心態又更進一步加強。似乎小商店就是落伍的過去，而大賣場才是我們光明的未來。就像英國和其他許多地方的零售商一樣，我們不想再回到過去的小商店。大才是美。

快易購的創設以及之後在策略和思維上的逆轉，凸顯出**創新的兩個特性：偶然和好奇**。

我們原本注意到的是批發式大賣場（cash-and-carry），但從中獲得的意外想法催生出快易購。批發式大賣場的客戶是其他業者，大家顯然不會說它是「零售業」。事實上，大多數批發式賣場也不准直接販售給一般消費者。但是到了一九九五年時，我們開始耳聞某些批發賣場業者正偷偷摸摸地改頭換面，轉而拉攏零售顧客。換句話說，它變成我們的競爭對手。所以有一天早上，我就帶著我們採購部主管基德史利夫（John Gildersleeve）深入敵營，到溫布利球場附近的批發賣場，親眼看看到底是怎麼回事。

從某方面來說，我們這一趟實在毫無所獲。我們看不出批發賣場的業務有何重大變化，看起來就跟過去完全一樣。就在我準備忘記這一切，正好走過停車場時，我發現到這裡可是忙得熱鬧哄哄。場上停著許多白色小貨卡，每輛車都塞滿了各式各樣的貨物，看來都是大街上的便利商店在備貨。如果可以讓批發賣場這麼忙碌，這些便利商店的生意應該也很不錯吧。但問題就在這裡。零售業界一般的想法，而且是有市場數據做根據，是認為便利商店的生意正在走下坡，它們的市場占有率不但很小，而且愈來愈小。大家談到的，都說是有幾百家店關門倒閉。

所以我就請基德史利夫找一、兩家也做批發賣場生意的供應商夥伴，偷偷打聽一下，看看他們做得如何。結果他得到令人吃驚的回覆。我們的供應商在那個部分做得非常好，而便利商店不但不是掙扎求生，反倒是欣欣向榮。

於是我們開始注意到便利商店的零售業務，希望可以解釋眼見為憑何以跟市場數據相互矛盾。英國在一九九〇年代逐漸走出衰退，民眾變得愈來愈富裕之後，我們都認為大家會恢復「平常」的老習慣，也就是像一九八〇年代一樣，會光臨大賣場一次買足需要的日常用品。大家都有工作、有錢可花、有汽車代步，而且還有好多新玩意可以買。此外，我們的大賣場也的確做得很不錯，所有跡象都指向「跟往常一樣」。

然而民眾的生活顯然沒有恢復「正常」。有些事情的確是不同了。為了尋找答案，我們轉向智慧和建議的最佳來源，也就是我們的顧客。他們說，儘管經濟再度成長，但一九八〇年代末期至今，整個世界已經有了顯著變化。尤其是他們的生活愈來愈忙碌，也更顯複雜，因此也更沒時間做規畫。這狀況影響到每個人，只是程度不一，年輕人、特別是年輕男性更是明顯。同樣一個人卻表現出兩種不同的消費行為，有時候會仔細規畫，進行每週一次的大採購，對價錢斤斤計較，但是在緊急狀況下又轉向居家附近的便利商店，對價格不太在乎。我們詢問，對於因為便利而光顧的商店，他們會考慮什麼？他們的答案是「沒想太多」，因為重點就只是求個方便而已。由此可知傳統想法（可是有數據支持）是錯的，便利商店大有「錢」途。顧客總是可以帶來驚喜。

這一切讓我得到一個簡單結論。要是顧客不來大賣場，那麼特易購就要自己去顧客那邊。我們不能再想說，只是關小店、開大店來做生意。「大」當然還是美，但「小」也一樣具備吸引力。我們過去的策略就是利用大賣場的經濟規模，但這個簡單想法讓我們必須對應調整，我們必須找到一種方式，可以在小型的地區商店服務顧客。不過特易購不能接受過去那種選擇貧乏且價格高昂的便利商店。如果我們要踏進這個市場，我們就得扭轉規模經濟，把「大店」的高品質、多樣選擇和價格低廉等服務，以便利商店的型態來提供。

要搞清楚我們面對的挑戰有多大，最簡單的辦法就是自己開便利商店，實際去發現我們的服務距離顧客要求有多遠。當然，我們所知的各式各樣顧客需求，恐怕也無法同時塞進這麼一家小店，這迫使我們必須有所取捨，挑選當中最基本的，營運上也因此受到一些限制。每件事都要以最簡單的形式來進行。

我們設定的簡單計畫就是，開設一家三千平方英尺（約八十四坪）的便利商店，商品種類不超過三千種，大概可供顧客週間生活所需。也就是說，我們要開的是一家小型的食品超市，而不是日式的便宜貨百元店，要是你的麵包、牛奶突然吃完、喝完了，會到我們的便利商店採買應急。但商品價格不會比超市高出三%以上，我得告訴各位，這一點可真是很難得。當時一些便利商店的商品售價，甚至都比一般超市高出一〇%至二〇%不等。此外，它們提供的生鮮食品種類非常少，因為單店銷售量不多，進得太多就浪費了。

一家三千平方英尺的便利商店，販售三千種商品，售價不會超出三%，這些想法雖然都很主觀，卻是既簡單又清楚。我們很快就發現，這樣的「簡單」有助於管理團隊達成目標，因為它會讓大家在思考上不再天馬行空，同時在建立新系統時也有個可資遵循的基本架構。

第一家原型快易購便利商店開在倫敦西區的巴恩斯，位於一座加油站前面。雖然利潤不是很高，但生意非常好，顧客都很喜歡。這家店表現出足夠潛力，帶來鼓舞作用，讓我們繼續開設更多便利商店。小商店成本不大，因此可以在許多不同地區設立，邊做邊學習。但進入許多不同街區之後，我們才發現各店業績差異很大，而且整個模式也還沒好到可以大規模展店的程度。我們會發現到各個地區都有些微妙差異，擁有自己的次文化偏好、需求和行為。因此，我們必須找到一種簡單方法，讓展店模式不致太過複雜，就能使各店緊密融入地方市場，以發揮最大潛力。

面對這種地方差異的問題，最好的辦法就是採取一些簡單、方便的行動，看看是否可以克服。這時候我們的會員卡又派上用場了，我們在各個地區都藉此蒐集到大量的客戶資訊。不過這個優勢也可能變成一個詛咒，這麼大的資訊量可能讓我們汲汲追求完美而導致行動癱瘓。因此我們決定根據收入和地區類型——收入高低、鄉村市郊或住宅區等——來分門別類。

要提升利潤並滿足顧客需求，快易購也必須導入特易購系統，才能從已有的基礎設施獲得好處。但因為包裝或運輸上的考量，有許多我們販售的商品並不適合進入小便利商店，例如：包裝盒或箱太大；行銷材料太大，不適合小店展示；貨架堆疊太高等等。後台功能，諸如人事及訂購系統也都嫌太過複雜。因此，我們擷取出最簡單、最基本的元素，把其他那些不那麼重要的條件都拿掉，幾十種操作手冊都不必拿出來了。同時許多決策也導入自動化系統，尤其是在訂貨和補貨方面。

快易購店內販售的商品範疇，原是由現有賣場販售商品中挑選出來的。因為快易購的交易額很小，對於整體營運助益不大，採購部門當然不會特別關注。因此我們必須扭轉這種想法，讓採購部門不再把那三千種商品視為額外的附加，而是當做第一要務，要優先考慮的類別。採購人員不再把那些商品看做細微末節，而是逐漸建立一套為快易購量身訂做的採購類別，這種狀況又反過來強化了大賣場這邊的商品結構和訴求。

審慎建立的這套模式，也是在特易購裡可資辨識的手法，它可以運用特易購的整體經濟網路，簡單且具備足夠活力，能夠在許多交易額不大的地區內由小型團隊負責操作經營。最重要的是，我們還能運用包裝、配銷等創新手法來面對生鮮食品的挑戰，同時對於訂貨系統做出因應改變。例如，大賣場的顧客會買數量較大的小型水果，而快易購顧客則比較想買個人分量的大型水果，那麼我們就要因應需求調整供應鏈，為快易購便利商店進行特別採購。儘管快易購所需貨量不及大賣場，我們還是為生鮮魚、肉等食品開發出真空包裝，讓這些食品的保鮮期限更長。我們特別為快易購設計了小型運輸車輛（才能輕鬆方便地在很小的空間內停車），它們可以運送冷藏食品及其他商品，滿足各種不同的運輸要求。經過種種的學習，我們對於這套模式已經具備信心，知道它可以適應不同地區的需求，並且能夠創造豐厚利潤。

憑著價格低廉、選擇獨特的卓越組合，再加上地點便利的便捷服務，快易購汛速成為顧客喜愛的服務模式。到店顧客八成都是距離各店約半英里之內的住戶，而且員工也都喜歡在便利商店工作。在一家社區型的便利商店工作，員工對於顧客都相當熟悉，大多數員工也都是當地住戶，所以他們可以走路上下班。最重要的是，他們都喜歡便利商店裡的各種工作，能夠發揮出團隊精神，而且知道自己的努力可以做出明確而可見的成績。小型便利商店要靠團隊合作，每個人都能相互支援，店經理實際上就是在經營一家小公司，必須能夠照顧到一切，從客戶關係、現金管理、店內安全到行銷事務。因為對於店員的要求比以前高，而且團隊貢獻和商店業績如此明顯，我們也開始根據業績來支付薪酬。由於店經理背負重大責任，快易購便利店也成為培育優秀人才的溫床。

快易購便利店走進鬱悶的大街、保守固執的公家機關、偏遠鄉村和大學校園，讓大街重新獲得生機，也因為帶回人潮而使街上其他業者獲得好處。總而言之，這些便利商店對整個社會挺有幫助。有益於環境、有助於就業，對大家的飲食習慣也有改善，因為我們能以合理價格提供新鮮的蔬菜、水果，不再是我兒時記憶中軟趴趴的生菜和處處暗傷的蘋果。

當然也不是大家都鼓掌叫好。有些人並不樂見特易購入侵小雜貨店的地盤，認為光有特易購大賣場就「已經足夠」了。雖然抗議聲浪挺響亮，但這只是一小群人的看法，而這些人就時間和金錢方面來衡量都可負擔得起，只須在現有的便利超商和超市購物即可。但對大多數人而言，他們不是那麼有空，預算上也掐得很緊，因此他們會注意到快易購提供的好處。

後來快易購便利店逐漸引入特易購在地營運的每個國家，但經營模式仍是審慎地調整改變，以適應當地市場，滿足各國對於便利商店的特殊需求。如今全球數萬家快易購便利商店，每年創造出數十億英鎊的營收。因為獲利能力很高，便利商店成為電子商務之後成長最快的經營模式。隨著各地日益都市化，全世界都變得愈來愈忙碌，這種購物模式也必定逐漸擴大。而這一切都發端於溫布利附近停車場帶來的簡單想法。

挑戰傳統智慧的簡單

簡單事物對我們的生活往往帶來深刻影響。迴紋針、橡皮筋、便利貼、飲料紙盒等，就算整個世界都數位化，這些東西也都會繼續存在。但對企業來說，要發明出這些簡單的東西可不容易。簡單發明往往是革命性的，因為它們打破既有規則，挑戰現狀。一旦碰上真正顛覆性發明，說「這才是未來」時，現有的企業結構、思維模式和整個供應鏈都要被踩在腳下。

亨利．福特對於製造T型車的說法，顯示出最棒的創新都非常簡單，而且不只是設計簡單，生產製造也很簡單：

> 這個新車款的重要特徵就是簡單。這部車的構造只有四個部分：發電機、車體、前軸和後軸。它們都設計成很容易拆解，無須特殊技能也可以輕鬆維修或更換零件。雖然這個點子很新，我還很少談到，但這部車的零組件應該都很便宜而且容易組裝，我認為過去那種要價昂貴的手工修復也就不必了。因為零組件都很便宜，你買輛新車還比修理舊車划算。而且這些零組件在五金行就買得到，跟鐵釘、螺絲一樣。我做為設計者，決定讓這部車子構造非常簡單，沒

人會不了解。這對你我都有好處，而且適用到一切事物。東西愈不複雜，也就愈容易製造，可以賣得比較便宜，也就賣得愈多。[9]

但這樣的創新可能被企業文化扼殺。這個研究，「高層看不出重點」；這種新流程「與目標背道而馳」；「發現」一個新想法，結果什麼也沒做。讓它變得熟悉一點，變得跟「尋常事務一樣」，於是簡單的大膽想法就被稀釋了，這對創新就是致命一擊。就是這種情況，使得雀巢義式膠囊咖啡機（Nespresso）顯得那麼突出，這是跨國大企業雀巢（Nestlé）的創新故事。

跟特易購一樣，雀巢也是靈活的大公司。我跟雀巢公司合作了二十幾年，一向對他們做生意和創新的方法佩服有加。雀巢和特易購就多種品牌，在許多國家的市場上有業務往來，每年超過十億英鎊。雀巢公司的雀巢咖啡（Nescafé）和美祿（Milo）飲品一向是國際知名品牌，它每年花費十億歐元研究食品營養，從而保持銳利的競爭優勢。雀巢公司對於各國本地市場特性也一向敏銳，因此在決策時總能在中樞和地方市場之間保持適當平衡。在個別國家裡，他們的經營團隊都擁有相當大的自主權，因此可以維持強大的本地品牌。

雀巢公司為自己設定一個嚴峻挑戰：把沖泡咖啡的流程簡單化、小型化，讓每個人都能輕鬆享用一杯美味咖啡。對於一家跨國大企業而言，它現有的製造流程和供銷網路都是根據大家沖泡、飲用咖啡的傳統方式而設定的，因此這個創新舉動必定需要激進而簡單的思維。

幾個世紀以來，我們在廚房裡泡咖啡、在咖啡館喝咖啡。咖啡沖泡技術在義大利達到巔峰，他們發明了一台機器，讓沸水在壓力下迅速穿越咖啡粉，這個過程去除了咖啡的苦澀，只留下美妙香味。但是這套方法出現之後，所有一切就此裹足。幾個世代以來，要泡杯咖啡還是這麼麻煩：磨豆子、裝咖啡粉、加水、過濾，最後還得處理沖泡過的咖啡渣。

早在一九七六年雀巢就找到答案：把咖啡膠囊放進特別設計的機器裡，利用壓力讓熱水通過膠囊。最後就能獲得現泡咖啡，而且不必磨豆子或清洗過濾器。接下來又是長達十多年的開發（雀巢義式膠囊咖啡機至今已取得一千七百多項專利保護）❿，後來才鎖定當時蓬勃發展的日本市場，但只針對餐館業者而不是要賣給一般消費者。結果呢？反應冷淡，多半都賣不出去。

雀巢公司原本可能就此打住，公司內部有些人主張放棄，但最終他們還是頂著風雨前進，轉攻辦公室市場。這一次雖然取得更多業績，但仍是受益於原木的品牌魅力。接著才直接面對一般消費市場，召集那些真正想要喝杯好咖啡的消費者，創辦會員俱樂部。過去包含多種品牌、多樣咖啡機販售的供應鏈，如今統統只賣一種機器：雀巢義式膠囊咖啡機。雀巢銷售咖啡機和咖啡粉，還有提供關於機器的服務，全部就是一個品牌、一條供應鏈、一家店，全部搞定。雖然膠囊咖啡的價格比即溶咖啡貴一點，但跟你去咖啡館消費相比，也只是幾分之一而已。

現在，雀巢需要一條全新的行銷管道直接服務消費者。雀巢義式膠囊咖啡機在雀巢公司裡像是一家獨立企業，保有獨特身分。跟這個「俱樂部」有關的一切，包括咖啡機設計、咖啡膠囊和廣告業務，都是獨一無二。而米其林星級餐廳提供雀巢義式膠囊咖啡的報導，也有助於品牌建立。有趣的是，它的姊妹品牌「甜蜜滋味」（Dolce Gusto）又走不同路線，透過傳統銷售網如特易購等來販售，結果業績也一樣成功（雀巢認為公司利潤大增是拜義式膠囊咖啡所賜。該公司雖然沒提供單獨的業績報告，但某位前高級主管曾指出雀巢義式膠囊咖啡的毛利率達八五％，而其他濾泡式咖啡品牌才達到四○％至五○％不等。[11]在二○○六至二○一○年期間，雀巢義式膠囊咖啡營收預估成長為三倍，超過三十億美元。）[12]

支持雀巢公司花費多年時間重新打造市場和營運方式，是因為它的目的非常明確。只是一個打破傳統的簡單想法，進而改變大家沖泡咖啡的方式。

當然，簡化也是過猶不及。你簡化了流程，也可能因此犧牲掉附加價值，就像是簡化的圖像犧牲了細節，過於簡化的流程也會丟失掉某些東西。顯然這在判斷上是個問題。我們在美國開設的鮮易購便利店，一開始就太過簡化，店內販售商品種類太少，後來強化後重新上路，供應商品超過一千種。然而那些害怕改變的人，也常常以「過度簡化」為藉口，不願接納簡單。

最後我要說的是，簡單就是讓事物短一點、少一點，知道什麼時候該閉嘴。威靈頓公爵曾對某名國會議員說：「別在那兒耍弄拉丁文。有話快說，說完請坐！」這話說得正確。**簡單是一種永恆的力量，也是創造精實組織的踏腳石。**

參考書目

❶《資訊焦慮》（*Information Anxiety*），沃曼（Richard Saul Wurman）著，Doubleday出版，一九八九年，第32頁。
❷ http：//www.publicfinance.co.uk/news/2010/03/nhs-manager-numbers-increase-by-84-in-a-decade/
❸ http：//www.nao.org.uk/publications/1012/government_cost_reduction.aspx
❹ http：//www.bis.gov.uk/policies/growth/growth-review-implementation
❺ http：//www.taxpayersalliance.com/tolleys.pdf
❻《完全簡單語文》（*The Complete Plain Words*），高爾斯爵士，Penguin出版，一九八七年，第2至3頁。
❼《簡單》（*Simplicity*），波諾（Edward de Bono）著，Penguin出版，一九九八年，第61頁。
❽《自我幫助》，斯邁爾斯著，第90頁。
❾《我的生活和工作》（*My Life and Work*），福特（Henry Ford），BN出版，二〇〇八年，第50頁。
❿ http：//www.bloomberg.com/news/2011-01-30/nespresso-will-survive-plethora-of-knock-offs-inventor-says.html
⓫ http：//www.time.com/time/magazine/article/0,9171,2053573,00.html
⓬ http：//www.bloomberg.com/news/2011-01-30/nespresso-will-survive-plethora-of-knock-offs-inventor-says.html

| 第八章 |

精　實

精實，就是節能、提升經濟效益，
減少不必要的包裝和運輸成本，
持續不斷地創造更多價值。

永續消費有賴於利用更少資源獲取想要的商品和服務。我們可以藉由精實思考來支持綠色環保，以更少資源求取更多成果。

整個管理顧問產業，就是源自「精實」。「**精實生產**」、「**精實製造**」，就是**消除任何浪費**（流程、材料、時間），**持續不斷地創造更多價值**。精實生產者的座右銘是「少即是多」：**以更少的投入，創造更多的產出**。

以較低投入來做更多事情，在提升品質的同時也降低成本，這聽起來好像不太可能。傳統想法總以為，要讓什麼東西變得更好就得多花一點錢；或者說，如果你想省點錢，那就要犧牲一些東西，也許它就比以前差一點。我們對「生產」的慣常理解反映出這種思維，所謂的「生產」就是投入創造產出。產出創造的價值，取決於你的投入（諸如勞力、資本或能源）。因此我們會假設，增加投入才能增加產出；或者說，減少投入的話，產出也必然不利。

這種想法在許多社會裡根深柢固，也難怪談到公共服務的改革總要陷於膠著，因為一說到要裁減開支，馬上就有人以為事情只會變得更糟。但這根本是胡扯。

我們來看看英國公共部門的兩個例子。首先是建立新學校。二〇〇三年英國政府推動一項四百五十億英鎊的大計畫，準備重建或整修英國境內所有的中學。當時在英國各個地區，這項計畫都是預算額度最高的公共工程。結果，這項艱鉅任務到二〇一〇年才完成八%的重建或整修❶，而工程總成本卻已增加為五百五十億英鎊。之後歷經一番政治口水和角力戰，結果又是全案作廢。

檢討之後暴露許多問題，例如，整個方案的目標是要達成「教育轉型」，卻不知道要轉去哪裡，從「提供適合教育目的的學習環境，到建造『真正世界級』的指標性學校建築」都含糊包括在內。文書檔案堆積如山，各式各樣的指導說明及合約就有三千七百多頁，全是耗費公帑，學校還沒動工前光是這個文書作業就燒掉一千一百萬英鎊。建築招標「只看金額，而無規格限制」，設計「太無定制」，而且「找不出任何從錯誤（或成功）中學習的有效途徑」。檢討報告總結指出，如果能設定明確目標、裁減官僚作業，並使用標準化的製圖設計、明定規格，就可同時縮短時間、節省經費（可較現行成本縮減三〇%）並提升執行品質。[2]

另一個例子來自英國的社會福利制度。據估計英國有十二萬個「苦難家庭」（troubled families）存在著嚴重問題，包括雙親失業、心理健康問題和兒童失學等，而這些家庭又可能衍生更嚴重的犯罪、反社會行為等問題。歷屆政府都以高昂議案和計畫來援助，在這方面有許多政府機構負責執行。但每個機關都有自己的傳統做法，各自排定任務，各自的官僚作業程序和目標，有時仿效其他機關的做法，有時又會相互衝突。結果是，每個接受援助的家庭可能要跟二十幾個地方機構接觸，而且又要花一大筆錢。這些家庭占比不到總人口的一%[3]，卻花掉納稅人九十億英鎊的經費。其中八十億是用來因應這些家庭遭遇的種種狀況，以及解決衍生問題，只有十億英鎊真正用在改善他們的生活。[4]各地區花在這些家庭的服務經費，平均每個家庭每年高達三十三萬英鎊，十分驚人。花這麼多錢，結果是毫無改善。

最後，政府採取一套綜合辦法大幅降低花費，讓每個家庭的地區服務成本縮減為一萬四千英鎊，而且也得到更好的成果。例如，索福德（Salford，在英格蘭北部）某家庭一年內共獲得二百五十次的公家介入，包括五十八次警方出勤、五次逮捕、五次「999」專線急診護送、兩次強制命令和一次欠稅傳喚。這種新辦法讓原本的二十萬英鎊開支縮減三分之二。

我們可以節省經費，但成果不打折扣。我們也可以提升成效，但未必就得花費更多金錢。掐緊預算、打通瓶頸、避免浪費，整套流程首尾相接緊密結合，使資源浪費減至最低，自然就能展現出生產力。於是不僅能以較少投入獲得同樣產出，甚至還能在減少投入的同時大幅提升產能。只要你能明白客戶最看重的價值何在，經由流程的簡化與整合，就能同時讓服務及商品變得更好也更便宜。

這見解正是「精實思考」的核心，要感謝兩家汽車公司和一家連鎖超商的啟發。亨利．福特建立大量生產線，同時提升品質和產量，減輕消費者的負擔。他很清楚浪費必然損耗人力：

> 有個農民每天挑水，在搖搖晃晃的梯子上爬十幾次，卻沒想過接幾根水管就可以解決取水問題。這時如果還有其他工作要做，他也只想到必須再找更多幫手。他認為必須多花錢才能改善工作成果……但這只是浪費勞動、浪費人力，使得農產價格高昂而利潤低下。[5]

福特看到簡單零組件（以及相應流程）的好處，幾乎整台車的生產過程都不必動用什麼裝配專家。裁減掉沒用的東西，簡化必要的部分，也就是降低成本。這道理很簡單，但奇怪的是一般流程只曉得裁減生產支出，卻不知要先簡化產品。其實應該從產品端開始才對。

我們來看看二次大戰後的日本。由於資金有限且需求低落，豐田總工程師大野耐一的生產方法只能屈就於銷售狀況，沒有照顧目標的餘裕。他帶著團隊訪問美國，看看能從福特公司學到什麼，結果大感震驚。他們看到許多閒置庫存，很多故障車必須修復才能出售，也沒看到流暢、均衡的工作模式。反觀皮利威利超市（Piggly Wiggly）則讓他們耳目一新：商品是完成交易才訂貨，庫房裡很少庫存，既沒有占用空間，更不會因為陳舊或過期而造成浪費。

大野及他的團隊設定的生產系統，讓豐田成為全世界最成功的企業之一，後來並成為許多博士論文的研究主題。豐田把整套系統分解成幾個組成部分，抓出各種形式的浪費：「無理」（指系統或人員負荷過重）、「無穩」（指流程本身不流暢或不連貫）、「無駄」（指工作不能增加價值）。要採取相同做法，我們必須從各個角度來衡量流程，諸如投入成本、產出價值、耗費工時等等，才能抓出各種形式的浪費，也才知道怎麼解決。以生產流程而言，要先檢查它的設定，找出哪些流程效率欠佳（無理）。然後探究流程執行，使它盡可能流暢地運行，讓質、量上的變數（無穩）降至最低。最後，整套流程在檢查之後順利運作，同時處理那些不能增加價值的工作（無駄）。「無駄」可細分成七項，也就是管理科系學生熟知的「TIMWOOD」：運輸（transport）、庫存（inventory）、動作（motion）、等待（waiting）、生產過剩（overproduction）、過度處理（overprocessing）及不良品（defects）。豐田發展出一種文化來支持這套方法，它的思考重點有二：不斷精進——消除浪費永無止境；對人的尊重——共同承擔問題以建立信任和團隊，個人從中得以學習新技能。

多年來，企業界耗資數百萬元從豐田經驗研發「精實」技術和學習，致力減少浪費、提升價值創造。現在有許多企業和組織都已掌握這套流程，能以更少投入得到更多產出。不過「精實」方法的內在潛力還沒完全發揮。

精實就是節能

對於精實創意思考，我所知道的最佳範例是上海某地毯工廠，他們想為機器安裝更具效益的幫浦，卻不執著於現有設計，而是請工程師從頭檢視整套系統的各個部分，思考應該怎麼改善。工程師先檢查機器原本使用的輸液管。過去認為輸液管要用薄管，因為生產成本低。但工程師認為，薄管輸送液體需要更多能源。經過精密計算後，工程師發現，雖然較厚的管子比較花錢，但也可以改用較小（也較便宜）的幫浦和馬達。總之，如果敢打破傳統，實際上就可節能。接著，工程師重新設計管線安排，盡可能減少彎曲，其他各項設備的位置也重新調整。管線彎曲會增加摩擦，也就是多耗費能源。經過一番改良之後，對於新幫浦的動力需求竟然減少了九二％。❻

在過去，這種精實方法儘管富含經濟意義，它的必要性卻未必獲得廣泛認同。能源價廉而充裕的時候，大多數產業對於能源浪費並不在意，因為它增加的成本微不足道。即使是一九七〇年代的石油危機也只看作是單一的偶發衝擊，而不是當頭棒喝。同樣的，現在的供應鏈——農場、機器、工廠、運輸系統和商店等——也都是建立在天然資源免費且無限期使用的基礎上，用過即丟比重複使用來得便宜。

不過如今大家開始明白資源是有限的，不再只是零星成本，而且未來這些資源都會愈來愈少。由於需求增加、供給不穩定，能源和原物料成本逐漸膨脹。此外，我們在無力解決氣候變遷的同時，也開始體會它所帶來的經濟和社會成本。英國政府在二〇〇六年公布的斯特恩報告（Stern Report）指出，未來氣候變遷的總成本約等於全球國內生產毛額每年減少五%。[7]

這就是精實思考必定會走向「節能」的原因（包括節約能源與天然資源，以及減少排碳）。如今許多優秀企業都把精實思想內化，主張「以少做多」，這不是說要限制消費，而是確保生產過程能減少消耗天然資源。對製造業而言，精實的方法就是減少浪費和低效率（以節省稀少的天然資源），重新檢討、設計流程，在維持品質不墜的同時也能降低成本，才是可長可久之計。精實的方法必定先考慮到資源的使用（和浪費），而這些訊息，諸如生產和配銷過程的碳排放量等，可以幫助消費者做出「綠色選擇」。

以濃縮洗衣精為例，傳統的洗衣劑又大又重，耗費許多包裝，運輸費用也貴，這些都會吃掉製造和銷售業者的利潤。濃縮洗衣精則與此相反，經濟效益較高，包裝消耗更少，運輸成本也低，而且溶解性提高，水溫不高也洗得乾淨，更進一步減少能源消耗。根據估算，如果大家都改用濃縮洗衣精，碳排放量可減少四百萬公噸以上，等於路上少了一百萬輛汽車。[8]

減少不必要的包裝和運輸成本，不但省錢且減碳，還能節能、提升經濟效益，這就是精實。豐田的大野工程師有此體認，就知道要從既有資源中提煉最大效能。就根本上而言，現今全世界都面對這項挑戰。精實思考就是我們兼顧消費、經濟成長和節能的有效途徑。

很多人可能不同意上述說法的假設前提，認為當前問題——人口增加帶來環境壓力、造成氣候變遷——的唯一答案，就是要「減少消費」。他們認為，如果我們繼續目前這種消費速度，大概需要三顆地球的天然資源才足夠。他們相信大家別無選擇只能倒車後退，政府應該課更多稅，大家應該減少消費，經濟成長也要放慢。在他們眼中，大企業大都就是敵人，不管它們是製造業、零售商等，都要為貪婪且無效率地耗竭地球資源負責。即使這些業者提倡環保節能，也照樣備受懷疑，認為這是「漂綠」的公關花招（其實這個指控有時候還真是不冤枉）。

這個說法我可以理解，但我認為其中還是有個棘手問題：西方世界數百年來的物質進步很難扭轉，再說我們有什麼正當理由反對發展中國家追求進步呢？如果真的要節制消費，恐怕窮人的處境會比富人更糟吧。

但還是有辦法的，我們經由一些學習，也能維持消費水準，甚至在消費持續成長的同時維持永續不墜。我認為這才是現實的選擇，而且捨此無他，因為追求美好生活的欲望原本就是人性。冀望人身安全、幸福和進步的渴望是壓不住的，這在歷史中斑斑可考。

永續消費有賴於大家接納精實思考，做為生活的基本原則：以少做多。但這不是說要他們接受減少「欲望」，而是利用更少的資源即可獲得想要的商品和服務。也就是說，要讓生產製造更容易、更便宜，也更能吸引消費者支持綠色產業，自行節約能源，購買綠色產品。而這就必須徹底重建供應鏈，讓它變得精實。

理論上說來就是這樣，但像特易購這樣的企業如何去實踐呢？一開始，我們在營運上要講求精實，杜絕浪費，避免消耗不必要的資源。以特易購在英國的業務而言，直接排碳量共約二百五十萬公噸，而供貨商排碳量共約三千六百萬公噸。所以我們設定一個高難度的目標，預定二〇二〇年之前，讓我們的全球供應鏈排碳量減少三〇％。大體來說，我們希望特易購到了二〇五〇年時可以成為零排碳企業，現行使用的排碳能源都會被特易購生產的再生能源取代。有些人可能以為這只是個公關伎倆，但可以向各位報告的是，二〇一一年特易購在英國業務的天然氣和電力費用已達每年二億英鎊，而我們採取的各項措施讓特易購在全球的能源成本每年減少一億五千萬英鎊。

過去和現在的許多實際步驟，都是為了獲得更高效益。我們從重新設置倉庫開始，讓它們更接近配合的賣場，也非常注重卡車的設計，講究空氣力學，以節約能源。我們的關注重點很多還是擺在賣場本身，因為那部分的排碳量大約占了特易購總排碳的七成。

在一九九〇年代中期，我們開始在賣場設計上引入精實思維，到了二〇〇七年我們設立新賣場的能源消耗已經比十年前減少一半。但要在二〇五〇年之前實現零排碳，需要更激進的新思維，這可不是些微改變就能辦到。所以我們拆解整個過程，詳細檢視各段流程。檢視之後驚訝地發現，特易購賣場重建時的材料回收再利用平均只有一四％，這就是不合理的浪費。因此，我們設定回收再利用的目標，在設計新店面時一併考慮到組裝和日後拆卸必須一樣方便（如今新賣場建材的回收再利用已近六〇％，跟十年前相比可是很大的改變）。因為日常的磨損消耗，特易購賣場使用年限不到三十年，提升回收再利用可以讓未來省下很多。

我們也想試試看，如果可以設立零排碳賣場，是否可以馬上實現零排碳企業的目標。這個挑戰很大。隨著時間的演化，現代商店在許多功能上也逐漸注意平衡。一家繁忙的賣場每週服務五萬名顧客，營業額大約是二百萬英鎊，總共會處理二十萬箱的四萬種商品，包括訂貨、運送、拆箱、上架和販售。所以每個賣場除了要滿足顧客需求之外，也要顧及員工。

藉由「精實」地思考，我們詳細檢視整家賣場的營運，計算所有相關活動的排碳量。過去我們在奇塔山（Cheetham Hill）賣場研究過怎麼節約能源和減少排碳[9]，那些資料現在也派上用場。我們發現那家店的熱能，有三七%因為空調、八%因為建築構造而流失。在用電方面，照明耗能二三%，而冷凍櫃則是最大問題。賣場冷凍櫃用掉店內五四%的熱能，消耗三七%的電力。

我們利用這些發現來設計零排碳商店，捨棄鋼材和水泥，改用木材；排除鹵素燈、日光燈，改用LED照明技術。這些對零售業而言都屬創舉。同時也引進自然光和強調自然通風，回歸到比較傳統的建築設計，巧妙運用自然光線、熱能和冷卻效果，這些都是機器難以取代的。賣場玻璃更換成新的絕緣材料，降低吸熱和散熱（如此就可減少人工增溫或降溫）。冷凍櫃系統也全部更新，改用比較不危害環境的冷媒，同時冰櫃全部加上拉門。

我們還需要一個足以供應賣場所需的再生電源，所以我們開發了熱能發電廠，利用食品處理的廢棄植物油做燃料，產生的電力甚至還能供附近住宅使用。

這一切的結果就是全世界第一家零排碳商店，於二〇〇九年在英國劍橋附近開設，它的運作正如我們所期望的，也達到我們設定的目標。同樣重要的是，跟特易購標準賣場相比，顧客也比較喜歡這種商店，部分是因為木料建材創造出更溫暖、更溫馨的氣氛。我們也在賣場設置看板，說明種種創新改良，讓顧客對賣場的環保考量感到安心。

同時，我們也在供應鏈方面勵行精實思考，研究如何減少碳排放。要做到這一點，我們顯然要先找出哪個環節排碳量最高，從製造流程、運輸、倉儲到產品使用，逐一研究各種商品的碳足跡。

碳足跡追蹤法與大野工程師在生產流程中找出浪費的方法類似。不過這種精實方法說來不難，但實際上要做也不容易。在這個國家買到的衣服，可能是在另一個國家製造，而它所用的棉花說不定又是在第三國種植。買回來以後，你可能又用其他國家製造的設備洗滌。在這件衣服經過的每個點，都可能排放二氧化碳。

在幾家重要供應商的協助下，到我離開特易購之前，我們已經測量過一千一百多種暢銷自有品牌產品的碳足跡，包括鮮花、衣物柔軟精、麵食、尿布、牛奶和雜誌等等。用這種方式來測量排碳量可是工程浩大，而且所費不貲，不過我們一再調整改善之後，測量成本從每樣商品平均高達二萬五千英鎊，下降為每樣一千英鎊。這次的經驗又再度凸顯大野工程師的智慧，要徹底杜絕浪費，一定要從流程中仔細去找。

我們發現有些狀況違反直覺，真是令人驚訝。例如，特易購濃縮柳橙汁的碳足跡比非濃縮果汁低，因為濃縮果汁在運送和冷藏上耗能較少。特易購新鮮甜豆漿的排碳量只及低脂牛奶的三分之一，因為牛排放甲烷甚多。從非洲肯亞遠道而來的一束紅玫瑰，排碳量比荷蘭玫瑰低很多，因為荷蘭園藝使用大量能源和電力，遠超過從肯亞運送的運輸燃料。新鮮麵食的排碳量比乾麵食高出一〇%至二〇%不等，因為新鮮麵食必須冷藏。西班牙當季小黃瓜的排碳量遠低於英國小黃瓜，因為英國小黃瓜要種在有暖氣的溫室。

所有這些發現都對我們打造精實生產鏈有幫助。這些生產方式都能反映出注重環保的「綠色資本主義」，這套主張是由幾位科學家、學者和商界人士一起提倡，以霍根（Paul Hawken）、艾摩里（Amory B Lovins）和韓特・羅文斯（L Hunter Lovins）等人為代表。綠色資本主義並不排斥市場利益，也不反對追求利潤或創造財富，而是主張把自然條件納入廣義的資本範疇，就可減少浪費、提升產能，如此更能符合商業利益。

綠色資本家提出四項原則，讓這套方法能夠結合市場：首先是「徹底的資源生產力」，讓企業界的資源產能達到最高；其次是「廢棄物化為價值」，任何寶貴資源都可以回收再利用，不能回收者也不致危害環境；再來是「經濟的解決方案」，主張減少浪費，生產者與顧客同蒙其利；最後是「自然資源再投資」，提升自然的產能，造福全人類。[10]

除了這四項之外，我想再加上第五項：運用消費者的力量——這才是永續消費的關鍵，我之前已經說過了。這個主張好像有點違反直覺，我們現在面對的問題，不就是因為消費者嗎？如果把他們排除在外，我們就錯失了改變現況的最大力量。

以英國而言，約有六○%的碳排放量操控在消費者手中。其中有些碳排放可能是某項特定商品在各個家庭的使用所造成，例如，家用燈泡或者一件長褲的洗滌方式。有些則是來自零售商怎麼儲存、包裝或運送商品，包括：冷藏、塑膠包裝或使用空運等等。或者是源於生產過程本身，例如：乳牛放屁會排放甲烷；農用機具的碳排放；食品加工廠的能源消耗。所以，消費者選擇環保商品，在結帳櫃檯上「嗶」的一聲，對整條供應鏈就是確切無疑的訊號，告訴商家：「多多供應這類商品」。因此消費者的確是擁有權力，足以促使整條供應鏈支持節能減碳。

想釋放這份力量，我們就必須把顧客拉攏進來。不過很多人會有兩種考量，因此難以下決定，一是現代消費者的心態，注重價格、品質，也考慮到方便、機動性和獨立，喜歡最新款的電器產品、愛喝德國啤酒或智利葡萄酒，預算許可的話也熱衷搭飛機去國外度假。另一方面他們也是負責的公民，知道氣候變遷不只威脅外面的世界，也威脅到自己的小孩，因此他們會想要保護環境，在節能減碳上貢獻一己之力。

這兩種想法不會互相牴觸。如果你仔細傾聽顧客的心聲，看到他們做出綠色選擇，你就明白應該怎麼辦。先調降綠色環保商品的價格，讓預算有限的人也買得起；接著，讓綠色商品跟其他商品一樣方便；最後，告訴大家一些訊息，讓他們明白哪些商品對顧客和環境有害。排除這些障礙之後，供應鏈及它的整個支持系統也都會趨於精實，朝著生產綠色環保商品前進。所以我們要是忽略了消費者，也就失去了扭轉世界趨於精實的機會。最糟糕的是，要是假「綠色環保」之名霸凌消費者，他們必定反其道而行。

在特易購，我們致力於排除高價位、不方便和缺乏訊息等障礙，讓顧客樂於採購綠色產品，讓他們在生活中以身體力行節能減碳。我的目標很簡單：讓「支持綠色環保」成為人人做得到的事，大家自然願意去做。他們不光能省錢，綠色商品也同樣是品質優良、方便使用的時尚產品。

對於自備環保提袋的顧客，我們提供會員積點獎勵，這就是一種支持環保，也趨於精實的做法，不但鼓勵回收再利用，也讓我們省下三十億個提袋的成本。還有節能燈泡半價供應，短短三年內銷量就激增六倍。

由於資源有限再加上氣候變遷，全球面臨的問題愈來愈大，零排碳商店、碳足跡和綠色環保商品正是精實思考協助克服的實際範例。支持綠色環保並不意味著要苛刻限制消費，更無須犧牲品質，勉強自己去接受一些價昂質劣的綠色產品。我們可以藉由精實思考來支持綠色環保，以更少的資源獲取更多成果。總之，精實的企業才是穠纖得中、修短合度的競爭高手。

參考書目

❶〈教育建設檢討〉（Review of Educationa Capital），詹姆斯（Sabastian James）著，二〇一一年四月，第2.3節。

❷ 同前註：執行總結，第4頁。

❸ http：//www.communities.gov.uk/news/communities/2009832

❹ http：//www.communities.gov.uk/communities/troubledfamilies

❺《我的生活和工作》，福特著，第15頁，見第七章註❾。

❻〈綠色資本主義的路徑圖〉（A road map for natural capitalism），艾摩里（Amory B Lovins）、韓特．羅文斯（L Hunter Lovins）及霍根（Paul Hawken）合著，《哈佛商業評論》，一九九九年五至六月。文中談到的企業是英特飛公司（Interface）。

❼ http：//www.hm-treasury.gov.uk/d/CLOSED_SHORT_executive_summary.pdf

❽ http：//www.unilever.co.za/aboutus/newsandmedia/pressrelease/2011/

❾ http：//www.sci.manchester.ac.uk/uploads/zestfinalreport.pdf：第117頁。

❿《綠色資本主義》（*Natural Capitalism*，十週年紀念版），霍根、艾摩里．羅文斯、韓特．羅文斯合著，Earthscan出版，二〇一〇年，第1頁。

|第九章|

競　爭

從競爭中學習，
不只對個人、企業，
對整個社會都有無窮助益。

競爭對手及競爭行為本身就是最好的老師。不要坐等競爭對手到來，而是主動找出他們。

競爭有利於消費者。各位不常看到這種說法，是因為「競爭」常被視為骯髒卑鄙的字眼。然而對我來說，**競爭才是善的力量，不只是對企業界，對整個社會都有好處**。

是的，競爭意味著有贏家就有輸家，有時候結果可能還不太公平。但這就是人生啊！聽來可能是陳腔濫調，不過人可不是生而平等。為了爭取平等，總是要遭受磨難，甚至流血喪命。那些拋棄市場經濟，依靠計畫閉門造車就想振興經濟繁榮民生的政府，往往只會讓國家破產。已故的哈維爾（Vaclav Havel）成長於慘澹共產年代，最後擔任捷克共和國總統，他的結論也一樣：

> 我一直都知道，只有市場經濟才是唯一可行的經濟制度，也是唯一理性、邁向繁榮的自然經濟，因為只有它才能反映生活的本質。生活在本質上擁有無限而神祕的多樣形式，其豐沛變化不堪中央情報的管制和計畫。[1]

然而，儘管不乏歷史教訓，很多人照樣懷疑市場和企業運作，尤其是對大企業深懷疑慮。「對社會貢獻太少而獲得太多」是大企業經常領受的評語，這些批評者以為追求利潤最是可疑，企業賺取的利潤就是以社會中某些人為犧牲。做生意，說好聽一點是跟道德無關，說難聽的話就是不道德。批評者認為，企業將本求利，自私自利，從不考慮他人的利益。你可以為大家做好事，或者為自己做生意，只能從中擇一，真是為難。

但我相信競爭和市場經濟可以造福全人類。我知道很多人對於競爭和自由市場的信心，因為二十一世紀初一些貪婪且不計後果的金融家而深受打擊，那些笨蛋帶來難以估量的損害。金融監督與管理的失敗，的確是應該要解決的問題。但同樣重要的是，我們更要堅持開放競爭，讓大家明白自由市場會帶來什麼好處。

一九五〇年以來，世界各國都出現人類史上進展最迅速、持續最長久的經濟成長。這種成長的基礎一向就是資本主義，是保障私有財產、允許大家在競爭市場中自由交易的經濟及政治制度。它雖然不是放任自由、毫無限制，卻提供明確的法律架構，讓大家得以通過競爭追求自我利益。

這制度的中心理念是對人的信任，而不是相信政府，也就是經濟學家米塞斯（Ludwig von Mises）所說的「擁有主權的消費者」。他們知道怎麼做對自己、對家人最好，可以自由地為自己的生活做出最佳決策。

這種對人、對競爭和利潤動機的信念，打破了一九三〇年代保護主義的堤壩，使得貿易愈趨自由，刺激各種市場的創新、創造和投資。光是一回合的世界貿易談判——也就是烏拉圭回合（Uruguay Round）——帶來的關稅裁減，據估全球每年受益超過二千億美元。[2]整體而言，從一九六〇至二〇〇三年之間，全球人均國內生產毛額擴增為兩倍有餘。[3]最大受益者就是那些一貫熱烈擁抱自由貿易、鼓勵競爭、維護自由，實行資本主義制度的國家。有一項研究發現，這些「自由」或「幾乎自由」的經濟體，它的收入是其他國家的兩倍以上。[4]與此同時，對抗極端貧困和飢餓的行動也有所進展，雖然還有許多努力空間。根據世界銀行的統計，預計到了二〇一五年全球每日生活費在一．二五美元以下的人數將會縮減到八億八千三百萬人，這個數字在二〇〇五年時為十四億人，在一九九〇年更高達十八億人。[5]**競爭、自由市場和對消費者的信任，這就是成功的公式，已經改變了人類的生活**。

當然，競爭讓人不安。競爭就是想方設法排擠、消滅對手。對手們也必然會這麼做，它們的執行長和成千上萬名員工每天都在算計，想要贏過你、搶走你的生意、打敗你。這情況跟政客沒兩樣，只是你每天都在競選，而不是幾年才來這麼一次。

因此，逃避競爭就變得相當誘人；同樣誘人的是，也許你已經擊敗對手而躊躇滿志。你贏了，就不再兢兢業業如霆如雷。或者，你面對某個對手，歷經苦戰，卻疏忽了背後又有其他對手匍匐前進，也許你發現背後有異，還說「我們現在暫且不必擔心他們」。像這樣的狀況不只是個錯誤，更是白白浪費了機會。你要欣然接受競爭。競爭！絕不退卻。

在熱熱鬧鬧的零售業打滾多年，我明白競爭對手——和競爭行為本身——就是最好的老師。我不喜歡坐著空等，等待競爭對手到來。我比較喜歡主動把他們找出來。我也不是只想去找尋他們的過錯及弱點，這不難做到，卻也是自滿的徵兆。**我想研究對手，是因為這樣可以向他們學習。那些最強的競爭對手就是我最好的管理顧問，我會研究他們的營運、他們的產品，或者只是瀏覽他們的網站，了解他們的想法、研究調查和計畫，這些都是免費的學習**。

這些訪查往往會發現一些尷尬的真相，也許我在某方面欠缺準備，對某項新產品一無所知，或者發現某項投資的必要。儘管這樣的發現有點痛苦，但總比裝做不知道，把報告藏在抽屜裡發黃，或祈禱競爭會自動消失來得好。不去研究調查對手就夠糟了，要是做了研究調查仍毫無作為，不知起而應戰，那就更糟糕。

遺憾的是，對於競爭的各種狀況，不管你做什麼準備、有多少的設想，都是不夠的。已故的昆蘭（Michael Quinlan）爵士是冷戰期間英國最厲害的國防規畫者之一，他就說：

> 關於軍事應變，有個定理是說：可預期的事情，正因為已經想到了，就不會發生。理由是，那些預期到的事情，我們會預先計畫、預做準備，因此帶來嚇阻效果，所以它們都不會發生。而那些會發生的事情，就是我們沒做計畫、沒做準備，因為我們根本想不到，也就難以預先震懾嚇阻。❻

商業上也是如此，那個定理一樣有效。你對競爭對手的某項作為愈是有所準備，對手就愈不可能採取那項行動。

此外，你愈是透過傳統成規、藉助分析師和專家的定義來思考競爭，就愈不容易發現隱藏的競爭對手。最大的威脅是，你根本不知道競爭何在。為了發現潛伏在市場深處的未知威脅，你必須像個消費者一樣來思考和行動。拋卻傳統常規，不受限於門戶之見，不能光從自己的角度來看自家生意，而是要像個消費者來思考，從消費者的需求、希望和要求來思考。然後依循直覺，保持好奇心，仔細觀察周圍狀況。此時無形而難以量化的人類資產，直覺和經驗就會發揮力量，你要跟著它們走。

我經常發現預料之外的威脅不是來自其他業者的行動，而是新科技發展而衍生出的新產業。例如，我們的非食品類商品，像是洗衣機或腳踏車等的送貨到府服務，原本是以目錄零售商阿果斯（Argos）為對手，他們可以送貨到府，也可以讓客戶到倉庫提貨。最後我才想到這個假想敵完全錯誤。我突然明白真正對手不是阿果斯，而是亞馬遜（Amazon），它當時雖然主要是賣書、唱片和光碟，但很可能擴增新商品。一旦它開始跨界，必定成為強大的競爭對手。我們也不能不面對它，這表示我們要大幅擴充格局，改變流程，開發全新產品類別，提升線上戰力並加強物流。

對零售商來說，能否領先對手一步至關重要。不管別人怎麼說，零售業可是最殘酷的產業之一。各個零售商都使出渾身解數，向消費者展示商品，希望邀請他們上門參觀，最好就是前來採購消費。來不來、買不買的權力，都操之在顧客手上。他們會做出選擇，而他們的選擇對眾多零售商來說，就是立即、有時甚且殘酷的判決。這就是一翻兩瞪眼的競爭。

這種事情，每一天、每個小時都在發生。此時此刻也許賣得很好，顧客都很滿意，但下一刻或許豬羊變色，你讓顧客失望，所以他們轉向別處購買，判你三振出局。像這樣的經驗讓零售商不敢掉以輕心，必須時時保持警覺，每天都努力爭取客戶。戰鬥非常激烈，而且利潤微薄，任何零售商都不能輸太久。身為零售業者，你一早醒來就會感受到壓力，必須為生存而戰。

有些人認為，像這種殘酷競爭，不管是在英國或世界各地，都是一件壞事，應該加以管制監督。有人說，超市為了搶顧客，造成許多社會問題。說我們殲滅街頭小店，讓地方社區傷心不已；說我們把田野綠地鋪上水泥，害成百上千萬的民眾堵在車陣中；說我們壓迫供應商、敗壞英國農業；說我們鼓勵大家亂吃不健康的食物，要為肥胖、流行負責。而這些說得還算是很客氣的呢。

我們來想一下，要是早在一九八〇年英國政府就同意凍結市場競爭，我很懷疑桑斯博里超市現在還會努力跑第一，而特易購也會拚命追趕，恐怕許多供應商要服務的市場也都會變得比較小吧。有人也許會說「這也算是一件好事」，卻沒考慮到凍結競爭對消費者的影響。

回到一九八〇年代初期，超市只賣食品，而且常常都是罐頭食品，新鮮水果、蔬菜的供應非常有限，而一瓶雷司令（Riesling）葡萄酒，就被認為是奢侈豪華。但那樣的年月早已成為歷史。我年輕時候的奢侈品，如今因為競爭已成為大家都買得起的東西，讓那些預算有限的人得以不虞匱乏。從一九七五至二〇〇七年這段期間，英國食品價格穩步下跌，實質價格降低近三分之一。[7]換句話說，儘管這十年內其他家用支出都增加了，但特易購在這段期間讓英國一般家庭節省了五千英鎊的購物支出。

競爭也導致選項大爆炸。我在一九七九年加入特易購時，我們販售的商品品項只及今日的十分之一。在二十一世紀的最初六年內，英國四大零售商平均一天就推出三種新商品。也就是說，消費者的選擇每天增加十二個，持續了六年之久。

不但商品選項增加，連商店的選擇也增加。以英國而言，九五％的民眾在住家十五分鐘路程就有三家以上不同的超級市場可以選擇。商家選擇擴大，也會讓顧客更常貨比三家，而顧客的確在一個月內，平均會光臨三家不同的超市。這些不獨鍾一家店，喜歡常常變換口味的顧客，每年可以帶來一百億英鎊的生意，因此各家超市對此競爭十分激烈。

競爭也間接對社會帶來一些好處。工作：特易購每年平均二十分鐘就創造一個新工作機會，如此情況維持十年之久；繳稅：十多年來，特易購總共繳了三十五億英鎊的稅，足夠在英國設立一百六十家新中學。當然對供應商也極有好處。各位下次在拿購物車裡的東西在櫃檯結帳時，不妨想一想到底需要多少人的辛勤努力，才能把這些東西交到你手上。農民、食品加工業者、釀酒廠、漁夫、小型製造商、運輸業者，供應鏈就像人體血管一樣，遍布整個地區、國家和整片大陸。

以上都是競爭帶來的好處。不過它在商場上到底是怎麼發揮效用的呢？我在特易購的時候，碰到最棘手的競爭對手是兩家零售業巨頭：阿爾迪和沃爾瑪。

從競爭中學習

從過去到現在，阿爾迪和沃爾瑪都是兩家實力強大的零售商，我們在家鄉時就面對它們的挑戰，到我們擴展到海外時大家又碰頭。這兩家零售商看來似乎很不一樣，營運方式也大有不同，但它們有些共同的重要特徵：兩家都是面對大眾的折扣零售業務，都是由優秀企業家創立，從傳統零售業中發展出深具破壞性的新手法。我要強調其中的「破壞性」，它們的方法和系統劇烈改變各自的本國零售市場，刻意壓低成本的做法讓許多企業不支倒地。

要是問到誰是世界上最大的零售商，可能很多人會說是沃爾瑪，不過除非是業內人士，否則大概不太會有人說是阿爾迪吧。阿爾迪至今尚未股票上市，仍維持私人持股，行事一向極為謹慎。很多人都不曉得，阿爾迪營收高達六百億美元，比塔吉特（Target）、阿霍德及馬莎百貨還大。

阿爾迪跟特易購一樣，也是從一家小店起家，它原本是德國埃森地區一名礦工妻子經營的小商店。一九四六年，她的兒子西奧（Theo Albrecht）和卡爾．阿布萊希（Karl Albrecht）接手經營，此後業務逐漸成長。一九六〇年他們擴展到三百家店時，兩兄弟卻吵了起來。但不是為了利潤怎麼分，也不是因為策略不同，而是為了結帳櫃檯是否要賣香菸（至少報導是這麼說的）。這場爭吵並未讓哪個兄弟憤而出走，他們和平解決，把業務分成北阿爾迪和南阿爾迪，兩兄弟各自帶領一區。此後南、北阿爾迪在同一品牌下，採取大致相同模式經營不同地區，都做得非常成功。

阿爾迪開發出有限範圍的折扣模式。這套零售方式的每個部分，都是為了在品質維持一定水準時將成本壓至最低而設計。在某種程度上，所有的零售商都會這麼做（當然，那些名貴品牌不會這麼做），但阿爾迪做得最徹底（他們執著於低價，部分可能是因為一九二〇年代德國惡性通貨膨脹的傷痛記憶，還有二次大戰期間和戰後的凋敝與匱乏）。

這個方法創造出我所見過最純粹的零售商業模式，除了必要的部分，什麼花招、選項都沒有。例如，每一種商品都沒有很多選擇，店裡的東西也不是很多樣，一般來說，阿爾迪超市大部分只備有一千至一千五百種商品，跟典型的超市擁有四萬種商品不可相提並論。這一千多種商品大都屬阿爾迪自有品牌。店內走道沒有特別的裝潢，這是為了省錢，而商品都直接放在棧板或紙箱裡，這也是為了節省成本。

阿爾迪的優勢在於它的的使命訴求、簡單模型和堅守紀律。對競爭對手來說，它沒什麼可趁之機，你甭指望阿爾迪會犯什麼錯。如果你想贏它，就得拿出更好的東西出來。因此跟阿爾迪同台較勁，會讓你變得更實在。它對訂價自有一套標準，所以除非能提供一些阿爾迪沒有的特點，我們就無法說服顧客接受較高價位。

阿爾迪在德國強勁成長，逐漸吸引到各種不同收入的階層，市占率最後達到二五％以上，對折扣商店來說是個很醒目的分量。它可以搶下那麼大的市場，部分是因為德國其他零售業者在策略上犯了錯。這些零售業者認為阿爾迪只是一種訴諸小眾的特殊型式，因此無須全面調整經營模式正面開戰，只要設立一些類似的小型折扣連鎖商店來應付即可，而且都不認為這些折扣零售會是它們的主要業務。這個策略上的誤判最後讓阿爾迪占盡主場優勢，因為不久之後阿爾迪開始大軍壓境時，它的折扣零售已達經濟規模，其他業者就像是在陌生的戰場上跟它對抗，自然是節節敗退。如果阿爾迪的競爭對手當初致力於創新，開發出對己有利的模式和條件，或許雙方勢均力敵，還能一戰高下。可惜它們都沒想到。

我們跟阿爾迪首度對壘，是一九九〇年它跟德國另一家有限範圍折扣業者利德超市開始進軍英國的時候。它們原本預期在英國也要拿下二五%的市場，就跟在德國一樣。這個意思是說，至少有一家英國的主要業者會出局，而當時有些專家認為這個倒楣鬼就是特易購。

阿爾迪開幕後，對我們的打擊的確相當大，事後來看，這可真是幸運。因為這表示我們一定要反擊。如果當初衝擊小一點，我們或許還會假裝沒事。當然，如果那樣子的話，阿爾迪可就稱心如意了。

在一九九〇年代初期的經濟衰退中，我們的顧客也都在苦苦掙扎，他們都想省點錢，而阿爾迪則保證提供「史上最低價」。幸虧我們做了研究和調查（詳見第一章），發現顧客心裡是這麼想的：「我喜歡特易購，可是必須到阿爾迪買東西。」這時候我們做出正確決策，決定把價格調到跟阿爾迪一樣，讓顧客不必再掙扎抉擇，最重要的是，還是維持原本的優良服務。**我們還是一流的特易購，而不是二流的「山寨阿爾迪」**。

這可不是容易的任務啊！我們特別推出一類商品，稱之為「價值線」（Value Lines）。這些商品不耍花招，純粹就是為了低價供應。我們也老老實實地標示出來，不會損害顧客原本對我們品質的認知，或者違背以前為了搶別家店（例如馬莎百貨）的顧客所提出的訴求。我們光明正大地宣示，這類商品是專為預算比較緊的顧客做準備，運用醒目的藍、白配色包裝。由於多年來我們以桑斯博里和馬莎百貨為對手，一向著眼於消費能力較高的顧客，如今突然反其道而行，力推低價品，有些股東就以為我們已經失去準頭迷失方向。其實我們這樣才是正確解讀市場，**從競爭中學習，緊緊追隨顧客**。這個反擊非常成功，讓阿爾迪措手不及，它可能還沒如此吃癟過。

此後我們開始邁向長征之路，慢慢調整各個部門，引進新系統，在管理上做出許多創新，提升整體效率。我們不但要在阿爾迪的場子扮演阿爾迪，而且還要做得比它還好（例如，我們仿效阿爾迪的棧板陳列，但又在棧板上加裝滑輪以利移動。這些說來雖是小東西，但全部加起來可就是大幫助）。**我們省下的每一分錢**，全部加起來可就不少，也**都回饋給消費者，用以提供更好的服務和更好的產品**。十多年來，實質價格年年降低。我們努力讓自己進入良性循環，降低價格、增加銷量，再以此降低價格。

當時的壓力大的不得了。在工資、能源及土地成本年年上揚之際，我們的實質價格卻連續十年調降，每次跟廠商談預算的時候，他們都希望我能鬆手，好讓大家喘口氣。股東們也一直要求提高股息，而不要只會幫顧客降價。我一再提醒公司員工，如果不想被對手逼到死，就是讓自己置身於持續不斷的壓力之下。幸虧我做得沒錯。在那段期間，我們逐漸穩定地搶占市場，利潤也漸漸提高，可以進行長期的品牌投資，維持最佳狀態。

阿爾迪和利德也獲得一定成果，但只是在較差的折扣市場。從一九九〇至二〇〇五年之間，折扣商店的市場占有率大致都維持在四％到五％左右，從來不曾坐大成主流，像他們在德國那樣攻城略地。

在此期間，我們跟阿爾迪和利德也在國外另闢戰場，這場競爭甚至比在英國更為慘烈。當時是在一九八九年柏林圍牆倒塌之後，我們前往中歐前共產國家進行訪查，發掘這些新市場的潛力。

一九九一年首次拜訪波蘭的經驗讓我畢生難忘。要是有人對中央計畫經濟滿足民生還懷抱幻想的話，親自去當時的中歐瞧一瞧就知道了。就一個現代英國人的眼光來看，那裡簡直不能說有「商店」這玩意兒。就以最後推翻共產政權的「團結工聯」（Solidarity）運動根據地格旦斯克（Gdansk）來說，它讓我想起一九六〇年代初期，我小時候在組合屋買東西的經驗。大家都很期待能有方便舒適的賣場可以選購商品。

遺憾的是，發現大好良機的也不光是我們，歐洲各地的零售商蜂擁而入。我們挑選到的市場，包括波蘭、捷克、斯洛伐克和匈牙利等國，也都是德、法零售業者特別感興趣的國家。所以阿爾迪和利德也都先後趕到。

這些零售業者剛進入的時候，市場上也沒有多少商店；但即便如此，就這些國家的規模來看，零售商還是嫌太多，因此大家的利潤也就不太高。於是也就引發一場極為險惡的消耗戰，這對折扣業者是非常有利的，因為在那些民眾收入普遍不高的國家裡，零售商的競爭就是價格戰而已。

特易購在這些國家開設的，是一次讓你買個夠的超大賣場，通常是在購物中心裡。一般來說，在城鎮市郊開設這種以汽車交通為主，讓你一次買夠的點，就是建立零售網路的基礎，因為這種方式很快就能帶來規模利益。但是在這些前東歐集團國家裡，我們發現開在距離市中心較近的阿爾迪和利德超市幾乎把我們擊潰。我們從統計數字得知斯洛伐克和匈牙利等國的民眾很多都擁有汽車，但我們不知道那些車主實際上負擔不起每週開車去購物。所以我們不再著眼於八千到一萬二千平方公尺的超大賣場，轉而設立二千到三千平方公尺大小的精簡版大賣場。這些賣場也能夠提供許多種類的東西，包括食品和一般商品，而它們也能開在折扣商店附近。

接著，我們引入的也不只是自己開發的「價值」商品（像我們在英國做的那些），而是以獨家擁有的品牌推出一些特價商品。這原本是阿爾迪率先採用的技術，但我們也依樣畫葫蘆。競爭就是這麼殘酷無情。

發現我們對他們如此關注後，德國折扣業者有點驚訝，因為大型零售商一向以為他們專攻小眾市場，不必與之正面開戰。不過我們下定決心絕不再犯相同錯誤。於是我們的策略緩慢但確實地發揮效果，市占率穩步提高。一開始，我們的利潤也不是以折扣商店為犧牲，雖然他們有受到一些影響，但我們主要是向別的競爭對手（其他連鎖大賣場）搶顧客。這時候東歐民眾開始有點餘裕，對我們也很有幫助，因為我們還能提供一些別的服務，不再只是靠低價來吸引顧客。我們可以販售價格較高的東西，就能提供一些比較高檔的商品（包括服裝和電器），還有一些品質較佳的生鮮食品，這對折扣業者就確實造成壓力。如果我們一開始不能從對手那裡獲得教訓，讓我們的營運更簡單、更具效益，這些都不可能發生。早期提供低價品是跟顧客博感情，建立顧客的信任感，到我們開始推出比較高檔的商品時，他們也就能接受更高價位。

歷經十五年的努力，穩步推進，特易購如今在中歐地區已經是市場的領導者。這個成就可不簡單，因為阿爾迪和利德超市都是強大對手，簡直不讓你稍稍喘口氣。然而，我們在海外吹奏凱歌之際，一個更可怕的競爭對手侵門踏戶在家鄉出現了：沃爾瑪。

沃爾瑪可用「奇觀」二字來形容，由華頓（Sam Walton）於一九六二年創立（如果有所謂的零售兼行銷天才的話，他就是），創辦後即生氣勃勃地成長茁壯，成為第一個真正橫跨全美東西兩岸的零售商。沃爾瑪一開始也只賣些一般商品，包括服裝和一些家用品，食品不包括在內。華頓雖然不是美國折扣零售模式的創始人，但讓這套模式臻於完善的就是他。早期他都在一些小鄉鎮開店，以避免跟凱馬（K-mart）這類折扣商店正面衝突（當時凱馬是比沃爾瑪大上許多的連鎖業者）。不過在凱馬只依靠個別大型分店的經濟規模時，沃爾瑪努力投資集中採購、中央配銷和物流基礎建設。要在美國這種大陸型國家架構全國性的銷售網路，可說是一件非常艱鉅的工作，那些前來挑戰者個個敗退，所以大多數業者連試都不敢試，直到沃爾瑪掄元奪魁。

華頓採用「中心」（配銷中心）與「軸輻」（賣場網路）系統（hub-and-spoke），有條不紊地讓沃爾瑪迅速跨出家鄉美國東南區。那些物流和百貨管理系統上的創舉，聽起來雖然無聊，卻都是成功關鍵，沃爾瑪就這樣逐步建構出一套低成本的營運系統，輾過那些最大的一般百貨業者和大型超市。而且不光是系統而已，沃爾瑪也為積極進取、精力旺盛的團隊樹立明確價值觀。它旗下的小商場個個眼光銳利、鬥志高昂、能量充沛。

沃爾瑪在一九八八年開設第一家超級購物中心（supercenter，也就是美國版的超級商場），這種超大型賣場裡販售食品和一般百貨商品。到了一九九〇年代中期，大概沒有哪個零售業者敢跟沃爾瑪分庭抗禮正面對戰。不僅是不敢開戰，管理顧問都建議其他零售商最好想辦法跟那頭巨獸做區隔，以免不小心被它壓死。這個策略等於是把地盤雙手奉上，於是沃爾瑪就成為低價品的市場領導者。到了沃爾瑪踩進英國時，已經是全球最大零售商，也即將成為全球最大企業，其規模是特易購的五倍。

沃爾瑪以一百億美元收購阿斯達超市進入英國市場。我接獲消息時正在泰國開會，剛好是在提問時間。這時候你就知道練習故作鎮定有多麼重要，儘管心裡想著「天啊，怎麼辦？」，外表還是得保持一派沉穩。我得承認，我一開始心想「現在還開什麼會啊？得盡快奔回英國才行」。不過我知道這樣也未免太驚慌了，所以勉強自己冷靜下來，繼續進行當天行程。雖然我不敢說自己像德雷克（Francis Drake）碰上西班牙無敵艦隊時那樣好整以暇，打完草地滾球才從容上陣，不過那個喘息空檔的確讓我鎮定下來，集中思考，好好看清沃爾瑪的舉動。

面對這樣的威脅，我該給自己公司什麼樣的訊息才對？這個威脅當然是很嚴重，但我不想讓自己的公司被恐懼壓垮。不過我也不想要大家裝作沒事，假裝沃爾瑪沒什麼大不了的。它的確是個很大的威脅。

我們當然都耳聞過，也很欽佩沃爾瑪，但彼此從沒什麼瓜葛，所以我們也不知道它的營運成本到底比我們低多少。當然一般認為（但我們可不認為）美國企業的產能高於英國，而且也不必囉嗦，反正沃爾瑪很快就會擊垮英國業者。

有一點我們的確是相當焦慮，就是沃爾瑪在非食品方面的營業額很大。當時特易購剛跨足一般百貨不久，而這個類別又比較注重規模經濟。我們擔心沃爾瑪在一般百貨具備火力優勢，要是它拿這方面利潤來補貼食品展開攻擊，那我們就很吃力了。

不過我們還是**堅守特易購的做法：向沃爾瑪學習，但照樣緊跟著顧客走**。換句話說，我們以顧客為中心的基本策略絕不改變，同時也尊重競爭對手，盡全力向沃爾瑪學習。這些都不是空口說白話，我們的確是把它摸透了。我們最資深的管理團隊，就是每天負責公司營運的這些人，個個親自跑遍美國、中國，只要沃爾瑪開店的地方，我們都會去瞧一瞧，看有什麼可以學習的優點，也確實發現許多令人敬佩的地方。在這個**以事實取代迷思**的過程中，我們團隊也逐漸建立自信，知道要怎麼展開反擊。一般百貨商品正是競爭的關鍵，我們必須盡快建立具備競爭力的全球供應鏈。

雖然在一般百貨商品方面，我們的販售量還比不上沃爾瑪，但也是成長迅速。我們也知道自己擅長建立精實供應鏈，這是我們在英國供銷生鮮食品取得的經驗。只要能提升供給和配銷的效率，就可以彌補我們支付給製造商的較高價格（因為我們需求量較小）。我們很快擴大賣場，以提供完整的食品及其他商品，引進新營運型態、新商品範疇，擴增新服務，採用新低價。雖然沃爾瑪的訂單可以讓十家中國工廠生產它要的家用品（例如烤麵包機），但只要我們的訂單可以滿足單獨一家工廠，就可以跟巨獸競爭。我們靠這些方法創造出來的動力和氣勢，遠不只是消極承受沃爾瑪的衝擊而已。

長期而言，跟沃爾瑪比起來，特易購的產能算是非常好，在食品方面甚至強過它，儘管有些人還是喋喋不休地指稱沃爾瑪規模大又是美國業者，所以它的產能一定比較高。事實上，在沃爾瑪進入英國市場之後的五年內，我們的市場占有率上升，獲利也增加。這場艱辛對戰更加鞏固我的觀點，在廣袤遼闊的全球零售市場中，還有許多空間讓沃爾瑪、特易購、阿爾迪等諸多業者同場競技。**沃爾瑪激發出我們最大的力量，在這場戰鬥中，特易購和其他一些主要零售業者無不使出渾身解數來跟沃爾瑪競爭，而最大受益人就是消費者。**

不惜代價的勝利是慘勝

當雙方你來我往苦苦纏鬥之際，想「不計一切代價來求取勝利」是個要不得的誘惑。要是在戰鬥過程中背叛自己的信念和立場，就算最後獲得勝利也一樣毫無價值。求勝的意志也要跟自己的價值觀相互平衡。在任何一場艱苦戰鬥中，我心底都一樣明白，我們是特易購就該有特易購的作為。向競爭對手學習並不表示我們也要變成他們，而且再怎麼想要求勝，也不能把員工權益擺在後頭。泰國市場的競爭非常激烈，我們公司在當地的一位執行長曾因此停發一個月的年終獎金，我覺得這實在是太過分了，讓那些為了達成目標拚盡全力的辛勞員工情何以堪？所以我們讓這名執行長走人。

勝利帶來對顧客、對員工、對社區和對供應商的責任。能體認到這些責任，才是堅強的企業，特易購跟顧客的關係就建立在信任上。如果我們採取的行動辜負了顧客和他們的社區，我們就會失去這份信任。行事光明，循正道而行，這是做生意的必要準則，也是社會責任。

有人以為企業以生意為先，社會責任只是其次。我不這麼認為。企業在市場上並非被動角色，置身其中的也不是毫無道德規範的真空。一家企業的作為，正是反映出所有工作人員及投資者的集體信念。因此我們現在對於企業的觀察，就道德責任方面，總希望它會比個人更為審慎、負責。

優良企業在創新、冒險、競爭、雇用、服務和行銷上，都更應該負起社會責任。這些日常活動不僅對企業本身及其客戶有利，也能造福更廣泛的社區。

所以說，那些優良企業的「使命」很少只是創造利潤。企業當然曉得必須賺錢，但大多數業者也很清楚光是追求利潤並不足以維繫員工和投資者的士氣和積極性。請注意，我是說「大多數」。這些話，公司的董事們都會講，有人說到做到，也有人就是做不到。為什麼有些公司做不到，因而汙染環境，或做盲目投資不顧後果呢？可能是因為無知、監管不善或受到什麼不良因素所引誘，不過許多企業的作為都可以從運作其中的文化和社會看出端倪。商業界展現的道德水準，幾乎也都如實反映出該時代的社會道德標準。有怎樣的社會，就會有怎樣的企業。

不過對優良企業來說，它們服務的大眾既是顧客也是社會的公民。除了滿足顧客即時需求之外，優良企業也要更深入思考，如何對一個社會公民、社區成員提供服務才適當。

我當然希望特易購就是這樣一家公司。我們愈是成長，對於我們營運其中的社區也愈重要。這個承諾顯然不是什麼附加的額外選項，或者只是年度報告中做為討好大眾的裝飾品，而是要結合於營運之中，表現在公司策略上。

我們用來管理企業維持平衡的「方向盤」（參見第六章）原本不是分成四個區塊嗎？後來就加進第五項「社區」，以確保我們整個營運不僅要服務顧客，也要面對社區。這些都會反映出我們的價值觀，我們的營運是根據客戶回饋，還有我們在韓國的經驗，之前曾討論過。

因此「方向盤」的五大區塊是：

- 我們為客戶做些什麼？
- 工作如何改善？
- 我們為自己人做些什麼？
- 我們的財務目標為何？
- 我們為這個社區做些什麼？

然後在「社區計畫」項目下，我們提列活動策略與計畫，就跟我們對待顧客計畫一樣詳細審慎，在管理上如同「方向盤」其他區塊一樣專業。我們仔細評估後挑選了四個領域做重點：當地社區的工作、教育、飲食與健康及氣候變遷。這四個要項都跟我們企業營運其中的環境有關，也是顧客希望我們做到的。在這些方面貢獻一己之力，對於特易購本身也是長期有利。

「為生命而跑」（Race for Life）就是計畫執行的最佳範例。我們希望幫助大家在生活中更有活力，因此支持路跑活動創辦者英國癌症研究中心（Cancer Research UK）的重要工作。許多癌症的誘發都受到人類生活方式所影響。我們也努力讓自己的產品更符合健康需求，並提供更多資訊幫助大家選擇健康的生活方式。因此決定援助癌症研究中心，也是非常自然的延伸。

英國癌症研究中心是我所合作過的組織團體中，最令人欽佩者之一。這個歐洲最大的癌症研究獨立組織，是英國癌症研究的重鎮，每年以三億英鎊進行研究。[8]在這個組織獨力或與他人合作的努力下，對於癌症治療已有不少突破。現在全球對抗癌症逐漸奏效，在很大程度上要感謝這個組織和其他研究單位的努力。這項成功就是它管理成效的證明，就專業水準和策略聚焦來說，癌症研究中心跟一些最優秀的企業可說不分軒輊。

癌症研究中心於一九九四年開始發起「為生命而跑」的活動，目的在提升大眾的認知，也想藉此籌措迫切需要的經費。活動想法很簡單，就是一場只限女性參加的五公里路跑。參與者不是只有真正來路跑的人，還有許多跟癌症有關的女性，無論是她們自己或者是因為親友。

經過這麼些年以來，「為生命而跑」已經成為全國性的重要活動。雖然我們會提供資金，但最大貢獻還是一些實質援助，包括宣傳、廣告、組織、招募和規畫等方面。我們雙方的要求都很高，也都從對方那裡獲得最好的成果。許多我們的顧客也都參與活動，所以他們很高興看到特易購投身其中。此外，我們的員工和供應商也一樣樂觀其成。

不過，「為生命而跑」活動和整個社區計畫，不僅展現特易購對社會的回饋，同時也是企業藉由社區參與深化品牌忠誠的絕佳範例。每家成功企業都會磨練行銷技巧以幫助商品販售，這項活動雖然不是針對平常的商業目標，照樣可以獲得銷售與顧客流量的量化成果，為我們和顧客、員工及社區建立更穩固且深層的情感連繫，讓企業在許多不同時間、以不同方式獲得助益。

有些人可能覺得有這些考量就不是誠心為善，但我認為這本身就是件好事，也是自由市場不僅為公司員工、管理階層和股東謀利，甚且造福整個社會的確切實例。如果政客們把企業視為生活難題的解決方案之一，而不是看做是問題的一部分，他們必定可以做得更好。對於一些大家共同面對的挑戰，政府和企業應該更加緊密地合作以尋求創新的解決方案。不過，最重要的是，**社會和企業界都要接納競爭，這種善的力量才能為全人類帶來無窮助益**。

最後這些話是自由市場擁護者亞當斯密（Adam Smith）說的。**競爭把「個人私利和熱情」轉換為「最符合社會整體利益」的成果**。在談到小店家的一段話中，亞當．斯密寫道：「我們指望的晚餐，不是因為屠夫、釀酒商或麵包師傅的仁慈施捨，而是來自他們對自身利益的考量。我們注意到的不是他們的人道，而是他們的自私自利，我們不訴求自己的需求，而是

訴諸他們的利益。」❾

競爭是件好事。「競爭！不退卻！」是每位領導者都要謹記在心的銘言。不過要想在競爭中贏得勝利，每位領導者也都要了解信任的重要性。

參考書目

❶《夏日沉思錄》（*Summer Meditations*），哈維爾（Vaclav Havel）著，Alfred A. Knopf出版，二〇〇二年，第62頁。

❷〈開放市場很重要：貿易與投資自由化的好處〉（Open Markets Matter: The Benefits of Trade and Investment Liberation），經濟合作暨發展組織（OECD）出版，一九九八年。

❸彼得森國際經濟協會引述〈自由貿易協定促進二〇〇八年經濟繁榮〉，馬克海姆（Daniella Markheim）著，美國傳統基金會出版，二〇〇八年五月號。

❹http://www.heritage.org/Index/pdf/Index09_ExecSum.pdf

❺http://web.worldbank.org/Wbsite/EXTERNAL/NEWS/o,,contentMDK:22889943~pagePK:64257043~piPK:437376~theSITE:4607,00.html

❻《國家機密》（*The Secret State*），軒尼詩（Peter Hennessy）著，Penguin出版，二〇〇三年，第396頁引述昆蘭爵士〈研擬國防計畫的一些陳腔濫調〉（Shaping the Defence Proramme, Some Platitudes）。

❼http://www.defra.gov.uk/statistics/files/defra-stats-foodfarm-food-pocket-book-2011.pdf，第26頁

❽http://sciencecancerresearchuk.org/prod_consump/groups/cr_common/@fre/@gen/documents/generalcontent/research-strategy-dnld-version.pdf

❾《國富論》（*An Inquiry into the Nature and Causes of the Wealth of Nations*），亞當．斯密（Adam Smith）著，Menthuen & Co. Ltd出版，一九〇四年，第一部，第二章。

| 第十章 |

信　任

能在組織裡培養出信任文化，
才是真正成功的領導者。

信任是領導統御的基礎。當大家信任你時，就認為你會維護保障他們的利益，也相信你的眼光、能力、判斷、動機和決心足以帶領大家度過難關。

最後，我們來談領導。堅強有力的領導人創造偉大企業，贏得驚人勝利，然後光榮引退。欠缺優秀領導，是絕對不會成功的。蒙哥馬利（Montgomery）元帥說他所有的「指揮理論」總歸就是「領導」一詞。

一九九二年我受命擔任行銷總監時，初次體驗到領導統御的滋味，也才真正知道負起全責的不安。當時執行長麥克勞林和總經理馬爾帕斯說他們不知道公司出了什麼問題，需要我幫忙。在那之前，我一直對麥克勞林和馬爾帕斯很有信心，他們就像是我的導師，一向是他們帶領著我，因此我總覺得天大的事也有他倆頂著。但突然間，大家都盼望我站出來領導，這種責任沉重的感覺還真是沒嘗過。就像兒子突然看到老爸伸手要他幫忙，真是令我震驚。

不過，領導統御到底是什麼？斯利姆元帥認為領導就是勇氣、意志力、積極主動、知識和無私。但我認為，領導者更迫切需要一項特質，就是信任。**信任才是領導統御的基礎**。

要是欠缺信任，大家也許仍會聽命行事，但就是心不甘情不願，推拖敷衍。如果大家信任你，才真正認為你會維護保障他們的利益，相信你的眼光、能力、判斷、動機和決心，足以帶領大家度過難關。這種信任建立在許多方面，前面幾章我都談過，包括團隊對你的目的和崇高目標的信賴，你們都信守共同的價值觀，也都願意按照既定程序來做事。能夠做到這樣，你就不只是在理性上折服他們，也贏得他們的心。蒙哥馬利元帥對此深信不疑，他說：「各位必須了解，戰事勝敗端賴人心向背……英國士兵對領導的反應最為明顯，只要你能抓住他的心，上山下海在所不辭。」[1]

不過，領導者還有一項特質是大家忽略的。**強而有力的領導並不僅僅是團隊對你的信任，也取決於你對他們有沒有信心**。你要信任他們才能開店、上架或併購企業，我敢說叫他們打下敵人戰壕都沒問題（不過我沒真的這麼做過）。一旦你信任他們，他們就有了自信、尊嚴、勇氣、決心和承諾。培養出這種相互信任感，什麼事都可能發生，其中有三項特別值得重視。

首先，受到信賴的領導人可以提升團隊的企圖心，激勵大家努力投入，通常也會讓他們對自身成員更有耐心，從而帶領他們發揮潛力走得更遠。領導人的大膽目標也許一開始看似不可能達成，但因為團隊信任你，大家就願意拚盡全力去做。他們信任領導人，足以彌補自我信心和對自身能力判斷上的不足。

第二，大家的行為會因此產生變化，形成一種相互信賴的環境，不僅是在領導者與團隊之間，也在團隊成員本身，每個人都會對自己的夥伴更有信心。

第三，而且可能是最重要的，**團隊每個成員都會擁有信心、尊嚴，願意為自己的行動負責，願意成為自己的領導者**。但這不是說此後人人平等，可以破壞規則，讓大家各行其是，而是像我之前說過的，要讓每個人清楚明白自己該扮演什麼角色，對自己的行為有所擔當。在這些條件下，**優秀領導者會讓員工具備自行判斷的能力，讓他們體悟到自己是受到信任的**。

組織文化很重要，組織愈大，文化良窳就愈重要。有許多公共事業單位淹沒在官僚文化之中，分辨不清自己的目標。目標正確才能集中團隊意志，才能激勵團隊齊步向前。但要是管理階層不信任團隊，目標的設定只為了控制部屬行為，必定造成士氣低落，團隊尊嚴斲喪，也破壞前線人員的專業。這種缺乏信任的組織，員工會變得更加消極被動，表現也就愈糟糕。結果又衍生苛規煩律，讓問題更複雜，彼此信任愈發蕩然。

建立信任的步驟

特易購是否存在這種信任的文化呢？我很想說是，但也不是我一個人說了就算。我當然也不是根據什麼檢查清單，一步一步按表操課來博取大家的信心。不過現在回想起來，倒也能歸納出幾項建議，做為領導人與團隊間建立信任的步驟。

首先，是要**忠於自己，時時以誠待人，才能鼓勵大家信任你**。領導者常以為某種特定類型的人才像個超級經理人，才能做到理想的管理。他們說話要與眾不同，甚至連聲音、語調都得裝模作樣。可是面具無法整天戴、天天戴，無論如何，面具總有卸下之日，大家也就看到你的嘴臉。你不能把「真實」自我留在家裡，才能讓大家看到你的真誠可靠。

你也要確定組織裡的每個人都了解你，不僅僅是總部的高級主管，不管你到哪裡、跟誰說話，都要**態度一致**。你不能人前人後兩張臉，在總部是這樣，到了工作現場又變一個樣。當然，跟賣場員工見面，尤其是在全員大會上要表現出真實自我非常不容易。要在幾百個陌生人前面開放自我，尋求他們的信任，可真是讓人相當不安的經驗。但如果想博得他們的信任，就一定要這麼做。

為了贏得大家的信任，有些執行長以為自己必須做很多事，最好每個決策都親力親為。但這樣可能適得其反。領導者最好能**保持冷靜**，即使因此顯得不夠活躍。保持冷靜的管理者才有空傾聽、觀察和學習，也才能看得更廣、更遠。領導者要是毛毛躁躁，稍有風吹草動就動作頻頻，或者朝令夕改點子丟個不停，對任何組織來說都只是障礙而非幫助。翻來覆去、前後矛盾的命令，會讓組織的前線工作人員無所適從。

我對前線人員的信任，表現在我們對組織上下的**授權**。我相信每個人都需要一點自由思考的權力，能在問題變大之前自己先想辦法來解決，最重要的是，這樣會讓他們獲得信心。擁有自信的組織才敢權力下放，讓前線人員擔負責任，而那裡往往就是創造價值的重要陣地。思想家及作家斯邁爾斯就強調管理者必須懂得放手：

> 指導和約束太多，就難以養成自立的習慣，就像學不會游泳的人總是抱著浮囊。缺乏信心也許是一個比想像中更需要克服的障礙。[2]

因此，我們鼓勵**放寬控管範圍和責任區**，讓經理們忙碌一點，才不會把部屬的工作攬來自己做。我們也**讓職位頭銜保持簡單**，每個人在組織中的層級和位置都很清楚。儘管我們在英國之外擁有二十五萬名員工，從本國外派的經理卻不到千分之一，因此確保由了解當地文化和社會的當地員工來做決策。每一名員工都受到鼓勵，主動積極地自己做決定。

數位革命為每位領導人帶來更多壓力，要求他們須更積極活躍，針對問題迅速採取回應和行動。我在特易購時當然也會寄發許多電子郵件，但其中只有極少數談到重要議題。就即時通訊來說，電子郵件是個奇妙的工具，但也有它的限制，你不能靠電子郵件來傾聽，也不能靠它掌握別人的感覺和情緒。**對於棘手問題，還是面對面地談比較好。直接交談才是維繫信任的好方法**。

光靠電子郵件耽溺在細微瑣事上，管理者可能因此昧於大局。苛察過細、事必躬親，最後就是一場災難。優秀管理者知道自己必須著眼全局，細微末節的小事必須交給別人處理。因此，當一名管理者什麼事都要自己來，成天操煩芝麻綠豆事的時候，就表示領導統御出了問題，領導者和團隊之間的信任感已然崩潰，領導人看不清大局，最糟的是甚至失去控制，只能管管文具櫃裡有什麼東西。

但這也不是說管理者不必理會細節。不知道細節，就不了解自己的企業或組織。我這輩子在特易購練就一副好眼力，到哪家商店或賣場走一走，一眼就能看出虛實。你要從幾棵樹去望見整座森林，就要先了解個別的樹。

因此，**值得信賴的領導者一定要了解細節，但也能放心地交給別人管理而不越俎代庖**。這種領導者只是觀察執行狀況，除非發現開始出錯才會介入干預。這種信任就是組織得以成功的基礎。蒙哥馬利元帥作風強勢且自信滿滿，猶如板上釘釘堅定不移：

絕對至關緊要的一點是，高級將領不能執迷於瑣碎細節，我也一再提醒自己。我只對重要的問題花很多時間安靜地思考和反省。將領在戰鬥中所想的，就是要怎麼打敗敵人。要是被一些瑣碎細節干擾，他也許就分心到一些無關戰局成敗的小事，看不清重要關鍵，也就無法成為士卒依靠的磐石。那些細節問題應該交由部屬處理。

我說的保持冷靜是指放手讓員工自己去處理他的工作，不過我的大門始終敞開，如果有誰必須找我談談，我隨時奉陪。剛開始時，有些人可能覺得相當不安，他們總希望自己的決策有人簽字背書才行。但我知道這樣的文化培養不出領導者和信任感。要是大家都只想躲在幕後，找人許可背書的話，一來我會累垮，再者公司的成長就危險了。隨著時間推移，大家都知道我對他們的信任，自信心也與日俱增。

但我也不像海軍上將費舍爾（之前提過的英國艦隊司令）允許部屬幫他簽名，他的辦公室裡貼著告示：「你要是沒啥重要的事要說，請快離開，讓我好好做事。」我也不像蒙哥馬利那麼樂觀大膽，一九四〇年他在法國打仗時，有個部屬叫醒他說德軍剛剛攻占魯汶，蒙哥馬利吼道：「走開！不要吵我。叫魯汶的旅長把他們轟出去！」然後又回去睡覺。

但領導者也不見得個個都要平靜，也有不怕瑣事纏身者。如果是那種已經迷失方向，不知目的何在，士氣也低迷的組織，它們對於那種極度活躍的領導統御有時反而會有極佳的反應。

邱吉爾在一九四〇年五月擔任英國首相後的狀況就是個明顯的例子。

當時的英國正面臨史上最黑暗的時刻，納粹德國橫掃全歐又征服法國，英國頓感孤立無援。但搖搖晃晃朝不保夕的英國政府，很快就感受到邱吉爾十足的幹勁活力和決心，他不停地發送訊息和備忘錄，文件上頭常常標示著「今天就行動」。他當時的私人祕書（科維爾〔John-jock-Colville〕爵士）回憶說：

> 他處理的大都是大事，像如火如荼的戰鬥或飛機生產等，不過他也一定會撥點時間想一些小事情，例如，第一次世界大戰繳獲的戰利品還能不能翻新使用？部隊能不能提供蠟給士兵，讓他們塞住耳朵以防戰場噪音？遭到轟炸時，動物園裡的動物該怎麼辦？[3]

科維爾說雖然沒人抱怨邱吉爾「因小失大」，但的確「有些人痛惜他遇事不分巨細」。不過邱吉爾的活力和熱情使得政治機器為之丕變。根據內閣祕書處官員指出：

> 這些訊息偶爾語氣專斷，卻不失中肯、及時，很快帶動白廳（Whitehall）上下的行政幹部。他們迅即感受到中樞如今已有強人掌控。訊息不斷傳來，涵蓋範圍如此廣闊，像是不停擺動的探照燈穿透行政體系，直射遙遠的陰暗角落；每個人不管職級位階多麼低下，都覺得這道光有

朝一日會降臨頭上，照見他所做的一切。其影響效應在白廳可說是又直接又令人激動。政府機器對他的領導統御馬上有所回應，不但步調加快，行政風氣也隨即改善。當大家發現方向盤上有雙穩定的手和堅強意志來帶領，都感受到一股新的急迫感，士氣隨之高昂。❹

「穩定的雙手」和「堅強意志」正是政府機器和整個英國重建對政府的信任所必需的。正如內閣祕書所說，這種變化「立即讓人感受到強勁有力的方向感」他寫道：「這台機器就像是一夜之間獲得一、兩個新齒輪，能以過去想像不到的高速運轉。」❺

在某些狀況下，例如組織陷於危機之際，這種領導風格至關緊要。不過在大多數時間中，組織並未面對生死存亡的戰爭，這種過動症狀反倒礙事。例如，邱吉爾在承平時期的政績表現就比不上戰時那麼成功。但邱吉爾有一點讓我非常認同且佩服：意志力，欠缺這種特質的組織領導者也必定走不遠。

「一九四〇年，我們得以度過最大的危機，就是靠他的意志力，幾乎可以說是只靠他的意志力。」一位最親近他的幕僚寫道。他所支持的政策或認為應該採取的行動，必定強力推展，「常常有人有不同的意見，他有時也會犯錯，常常是因為太過倉促、欠缺耐心，因此引發冗長而激烈的爭辯。但總是會給予充分討論的機會。」❻

在討論時，「他會傾聽正反雙方的意見，就算他早有定見，假如有人提出新事證或新看法，他在經過一段時間的深思熟慮——有時會拖得相當久——也願意加以修正。」邱吉爾常說：「我只想早點做對，不在意反覆。」他的另一位親密夥伴也說：

> 在這個過程中經常發生的是，他提出的行動被認為不夠穩健，或就目前資源條件下顯得不切實際，至少剛開始看來似乎是如此，但他不會因此稍有退卻，而是不顧一切地強力推展，也許馬上就能達成希望，也許會從別的地方找到額外資源，也可能到最後發現自己的計畫不太好，或者會有更好的計畫來取代。[7]

邱吉爾魄力十足，絕不接受眼前有什麼難以穿越的障礙擋住去路，他全心全意盯緊一個看似無法達成的目標，這些狀況都可能會讓領導者周圍的人暴怒、懊惱或者筋疲力竭，但對一個要想避免軍事挫敗的國家來說可都是至關緊要。或者就另一個層面來說，一個組織如果想成長、興旺，也必須如此。

我知道我堅持事情一定要討論出個結果來，常常讓同事們非常惱火。這個過程雖然痛苦，對於團隊信任決策可是非常重要。而且對於我們決定的事情是否真正做到，我也堅持到固執的程度。要是你決定信守什麼樣的價值和目標，那麼說到就要做到。領導者要是設定策略，然後又因為情勢困難就任意改變，最後必定失去團隊的信任。**兌現承諾就是建立信任最好的方式**，不論是政客與選民或執行長和團隊之間都是如此。

對於「冷靜」和「固執」，我要再補充一個「**尊重**」。我會盡量跟全球的工作團隊見面，面對面地交談。但只是見面仍然不夠，事實上，企業執行長巡視賣場（通常沒有事先宣布）對工作人員來說，總是件讓人不安的事情。因此唯有消除他們心底的疑慮或恐懼，得以敞開心扉提出問題，我才會知道我們的策略在賣場實際執行狀況。站在他們的角度來想，我也會希望有個真正樂於傾聽的執行長，不僅願意對話，而且能幫助他們建立自信心。

尊重也意味著不隨便謾罵或採取蠻橫、挑釁的態度。電視上的真人實境節目讓大家以為領導者必須辱罵部屬，當眾貶低對方甚至開除團隊成員才能樹立權威。其實這正好顯示領導統御的失敗，因為其中的信任感已經破壞無遺。一旦發現錯誤時，領導者應該鼓勵團隊從中吸取教訓，羞辱部屬只會破壞信心，而欠缺信心就難以提振積極和創新。要是有人不同意行動策略，拒絕照章施行，光是大吼大叫也不能讓他心服口服。

關於這方面，也是特易購努力練習的：「多讚美、少批評。」我們收到十次讚美也許不以為意，但要是被批評一次就會牢牢記住，尤其是這個批評來自很少見面的企業執行長，那就更不得了。對此我非常清楚，所以我對賣場員工總是「多讚美、少批評」，至於那些比較熟悉的高階主管，我就相對嚴厲一些。

能夠做到這點，才會有所謂的「平等」。我刻意做到對公司每個職級的每個人都能平等相待。要在開會前先行遊說，或者拉黨結派、拓展個人關係網路，這都不是我的風格。我的臉皮比較薄，所以不擅長這種職場政治。我對個人沒什麼強烈好惡，所以也不會特別偏愛誰或哪個部門。而且我很清楚，一旦你有所偏愛，相對也會產生不信任。有人問斯利姆元帥：「你的部隊哪個最棒？」他會回答：「我的部隊都很棒。」在一個組織中特別偏愛某個團體，可能對領導者帶來扭曲效果，那個受到偏愛的團體成員必定會挑一些領導者愛聽的話來說，因為他們害怕失寵被打入冷宮。而組織裡的其他人也因此感到孤立，既不受到高層的喜愛，也不覺得自己受到尊重，這些狀況當然都培養不出信任感。

最後，你不會相信一個不說實話的人，因此你**對人表示尊重最好的方式，就是告訴他實話**。這也許聽來虛偽或者自以為是，但我總是堅持這麼做，甚至常常到過分的地步。不管是在賣場會見員工或在會議室與人討論問題，我總是有話直說，說出我的想法，但還是保持禮貌。時間一久，大家會看到我的所言所行，知道我就是這樣直接坦率，也許我的誠實、正直會讓他們對我說的話比較包容。別人不喜歡你或你說的話，並不像不信任那麼嚴重。

對別人**實話實說**很重要。要是他們發現你在誤導大家，對你的信任必然崩潰。即使是壞消息也該實話實說地告知，大家對你還是會更加信任。但講實話最重要的，還是**對你自己真誠**。了解自己，知道自己的長處和缺失，才能更少犯錯。你也才能變得更勇敢、更有自信。你能夠誠信對己、對人，並確切知道自己想要做到什麼，就能創造出一種信心文化，讓你得以無視必定會有的侮辱、攻擊、挑剔和批評。

尊重，及培養信任

總之，重要的不在於領導者或團隊的作為，而是領導者帶領大家做些什麼。**能在組織裡培養出信任文化，才是真正成功的領導者**，這種文化在領導者卸任之後還會長久存在，成為組織成長茁壯的基礎。

員工對自己的工作都有所期待，能夠滿足他們所期待的，就能建立信任的文化。正如第五章討論過的，員工通常有四個要求，你能夠滿足這些要求就能贏得他們的信任，大家就願意跟你上山下海。這四個要求是：受到尊重地對待；工作內容有趣；管理者樂於協助和支援；擁有成長、升遷的機會。

有些人比較擅長管理，但組織在管理上不能只依靠成員的天分和能力。所以對於管理技能與能力，一定要不斷地加強和訓練。我擔任執行長時，特易購正快速成長。我很清楚，要讓員工都能擁有稱職的經理，我們就要盡全力**加強主管的管理方法和最新的實務技能**。所以我們找了一家管理顧問公司，為全球特易購賣場、倉庫和營運總部總數達萬人的經理主管，設計出一套管理技能訓練計畫，稱為「未來」。

在持續兩年的時間裡，「未來」大概是全英國規模最大也最密集的管理培訓計畫。我們準備一套小型ＭＢＡ課程，教導經理人日常必要的管理技巧，例如，怎麼跟大家說話、主持會議，怎麼快速分析和準備計畫，怎麼執行計畫和訓練員工等等。

光是像會議管理這種簡單技巧，就能夠神奇地建立信任。我們都知道開會可以糟到什麼地步，有些會議沒有議程，大家根本不知道為何聚集在會議室裡。這種會議往往是一、兩個人帶著大家浪費時間，來來回回地繞圈子也談不出個所以然。即使會中同意了什麼事情，也沒人記錄下來。開完會議之後，好的話是大多數人都搞不懂到底開的是什麼會，壞的話是個個一肚子火。管理者主持的會議偶爾發生這種情況，一、兩次還受得了，要是變成常態，團隊信任感很快就會流失。

我們教導經理們按照一些簡單的技巧來主持會議。首先，每次開會都要有明確的主題和目的。再來，是詢問前來開會的人為何參與這會議，問他們想藉由會議達成什麼目的，如此即可強化大家的參與，能從會議中獲得一些訊息。與會者都要對別人的發言提出看法，但不得太過負面或嚴苛。會中做出的決定和準備採取的行動，都要記錄在黑板上讓所有人看到，大家也才會明白誰該負責哪些事情、期限為何。會議結束之前，應詢問每個參與會議的人，是否已經達到他們的開會目的，是否還有什麼疑慮，再據此加以處理。最後一點，得要求管理者主持會議務必簡短。

「未來」訓練的成功證據是，我們對於特易購的調整，諸如販售品項、營運方式等，都能迅速進行。這是因為我們在管理階層和執行團隊間培養出信任感，才能做到這樣。這些簡單實務技巧培訓出上萬個擁有技能且富於信心的管理者，符合大家的期待，個個都是樂於幫助員工、提供支援的經理。

我們也花了許多時間，努力為員工創造成長和升遷的機會，這也是大家在工作中期待的關鍵條件。無論規模大小，信任成員、不計較出身與背景的組織，只要樂意提供機會讓成員一展長才，實現希望，就能得到他們的信任。

「特易購歡迎各種人才」就是我們在雇用上的基本理念。我們秉持這個理念，也努力讓大家都明白，不管你的背景、年紀或教育程度為何，都有相同的機會好好來表現，也都有升遷擔任高階主管的機會。這些都不是空口說白話。我們鼓勵員工接受訓練和教育，開發潛力、增強技能，對他們的工作和生活都很有幫助。我們讓大家明白，你在特易購的表現也就是根據你的工作表現，包括你的態度、個性、貢獻和成就，絕非只是根據某些簡單的資格條件。有許多企業，特別是某些專業工作，都以招募畢業生為主，使得教育程度幾乎就是個先決條件。但我們打破了這個規則。

特易購不怕跟大家不一樣，因為它本來就不一樣，這很大因素是因為創辦人寇恩出身自移民家庭的關係。他家人是波蘭屠殺猶太人的倖存者，在十九世紀末以難民身分來到英國。他不僅生活在社會的底層，甚至還是個外國人。在他力爭上游略有小成就之後，自然也招募志趣相投的人，通常都是些擁有機智與常識且積極進取的年輕人，而不是那些空有漂亮學歷、教育程度高者。這些人都是出身自社會底層，通常也都是在一些小商店，依靠自己的努力、決心和機智性格向上爬。寇恩賦予特易購如此用人唯才、不分階級的精神，我們都希望可以繼續保持下去。但光是嚷著「任何人都可以爬到高層」也是毫無意義，除非你能提供一些實質的支持和誘因來鼓勵。因此我們也採用許多方法來創造這種文化。

在選擇高階主管時，我們刻意著重人員管理能力及領導才能。在考慮到升遷時，我們最開始問的問題之一就是：「你提拔過誰？」這個條件也很快就傳開，所以大家都知道，要是你想在特易購出人頭地，就要有發掘人才、提拔人才的紀錄。於是經理們自然也樂於在自己部屬中拔擢有才華的員工。

特易購的職務層級非常簡單，從最基層（結帳櫃檯、上架和倉儲工作）到執行長**只分六級**。這種簡單層級讓人一目了然，知道自己的職業生涯現在位於何處，又能爬到哪裡，能看到自己下一個目標何在。如果是那種層級不甚透明的拜占庭結構，可能會讓人覺得只有那些「熟門熟路」的人才會獲得升遷，反倒容易滋生不信任。

為了幫助大家在職業生涯上有所成長，我們設立了名為「選擇」的制度，提供訓練，為員工的晉級預做準備。這些訓練大都屬於在職訓練項目，但它的範圍相當完備，而且通常包括一些新工作，以擴展學員的經驗。「選擇」的目標是為了確保升遷順利，因此有許多時間是花在訓練候選者學會適當的技能。而「選擇」提供的訓練也不只是給基層員工而已，還包括高級主管在內的每個人，都可能從中學到很多。因此從最低階往上各級，都設有「選擇」課程提供各層管理人員所需。高級主管則要接受較多與現職無關的培訓，這些來自全球各地的主管要接受兩年以上的訓練，其中部分是共同科目，另外還有依個人所需量身訂製，甚至是由候選者自己設定的課程。

任何人都可以申請「選擇」課程，也有成千上萬的員工接受過培訓。任何時候本集團總人力都有超過六%的員工為了晉升下一個職位而努力，到現在累計已經超過三萬人次。這個促進社會階層流動的引擎，一直噗噗作響，不停地運轉。成千上萬員工從公司底層努力向上爬，有些人就這麼一路登頂。有幾位媽媽級員工重返職場，從兼職的櫃檯結帳員晉升到地區主管，有些十六歲小伙子原本在賣場整理手推車，最後成為地區市場的負責人。

但也不是人人都想往上爬。有些人只想要有一份工作就滿足了，但他們認為提供機會給上架人員走向成功也很重要。賣場同仁如果看到店裡的年輕人之後又回來接掌更高職務，都會感到非常光榮，這種情況我經常目睹（雖然他們回到店裡還是常被老同事們當成十六歲的小伙子）。

特易購的勞力狀況忠實地反映出整個社會現況，包括不太美的那一面。例如，大學畢業生還是比十六歲就離開學校加入特易購的小伙子有機會升遷，而年輕男性員工也比重返職場兼差的媽媽們有機會。有鑒於此，我們也努力讓每個人都有真正平等的機會。我們為婦女和少數民族員工設立支援網，幫助他們建立信心，更深入了解這些員工在公司升遷路上的障礙。我們都明白，做得愈多、投入愈多時間，效果才會愈好。我們發掘愈多榜樣，就有愈多人站出來表達上進的意願，獲得成長與晉升的員工也會愈多。

現在特易購裡有不少女性主管，就可以證實這套方法很成功。過去，而且還不是很久以前，特易購幾乎沒有女性擔任店長，從今天的標準來看真是令人吃驚。到現在，女性店長雖然還不是多數，但在賣場中已快速增加到約占四成，漸漸不容忽視，而且在店經理以上職級的女性成員也正大量增加。特易購文化價值觀的成功，讓我更加明白，兩性平等與平權不能靠法律規定來推展，尤其像那種主張企業董事會要有更多女性成員的做法。英國有些人建議政府應該立法，規定企業董事會成員應設女性保障名額。但這種做法其實是貶低女性的價值，更強化了性別偏見。企業應該要先搞清楚女性不能在職場充分發揮的原因，再據此對症下藥。有些女性是缺乏信心，擔心家庭和工作難以平衡兼顧。有的則是因為企業文化的關係，這從一些很小的事情就可以看得出來。例如，我坐下來不到五分鐘就開始談足球，很多女性員工對此可沒興趣。透過企業文化的改變，選取女性做為模範員工及擔任遴選小組成員，就可以開始改變現況，增強信任。

特易購進入全球各地的新市場後，會發現到有許多社會比英、美更注重階級。因此「特易購歡迎各種人才」的主張就更重要了。這句話不只是個表態，也有實際作為來支持，**我們努力提供平等與平權的機會，而它自然會創造出信任的文化。**

參考書目

❶《蒙哥馬利元帥回憶錄》（*The Memoirs of Field Marshal Montgomery*），陸軍元帥蒙哥馬利子爵著，Collins出版，一九五八年，第89頁。

❷《自我幫助》，斯邁爾斯著，第199頁。

❸《今天就行動：與邱吉爾共事》（*Action This Day: Working with Churchill*），科維爾爵士訪談，博內特（John Wheeler-Bennett）編輯，Macmillan出版，第50頁。

❹《今天就行動：與邱吉爾共事》，諾曼布魯克（Normanbrook）閣下訪談，博內特編輯，第22頁。

❺《今天就行動：與邱吉爾共事》，布里吉斯（Bridges）閣下訪談，博內特編輯，第220頁。

❻《今天就行動：與邱吉爾共事》，諾曼布魯克閣下訪談，博內特編輯，第27頁。

❼《今天就行動：與邱吉爾共事》，傑可布（Ian Jacob）爵士訪談，博內特編輯，第176頁。

結語

人類的歷史就是組織史。國家、企業、城邦、教會、慈善機構乃至於軍隊，都是人類發揮組織能力促成了進步與繁榮，當然包括戰爭、暴政和種族滅絕、集體屠殺等罪行也全是拜它所賜。組織帶來財富，也帶來不幸和痛苦，兩者或許相差無幾。我有幸曾經主持過一個大型組織，不過再大也不過就是歷史油畫中的一小點而已。我從中獲得許多教訓，都是未來幾十年裡任何組織都該審慎面對的，現在我就以此做為本書總結。

人口迅速成長和氣候變遷的威脅，讓自然資源匱乏造成更多壓力。數位革命為人類帶來大量資訊和選擇，同時也伴隨著不只針對企業甚至是各國政府的顛覆力量。如今，亞洲的崛起極為明顯，一股全球力量正從東方席捲而來，那裡有活躍的中產階級，懷著抱負和夢想，正迅速竄出頭。

東方消費者跟世界各地的消費者一樣，都會在全球市場中參考比較。如今這個世界是資訊多到泛濫，選擇也多到要把人寵壞的地步，大家可以上網搜尋資訊，再到實體商店選購（或者先去商店看貨，再回家上網購買），在這種時候對消費者來說，品牌也必定變得更重要。只是單純地滿足消費者在物質和理性上的需求，諸如品質、價格、方便性等等，並無法讓你成為強勢品牌，例如，我們知道現在大家的生活趨於忙碌，因此時間就是金錢，於是上述那些考量就不足以贏得顧客的忠誠。任何品牌都必須跟它的顧客建立情感關係，以他們的願望、夢想和需求為訴求。

希望在生活中獲得晉升與成長；給孩子們更好的起步；想生活在安全、有保障的地方；希望健康而長壽地活著。這些願望都跟人類歷史一樣古老，不過對於全球市場的需求、中產階級財富增加，以及對於生存空間上的壓力等議題，在未來也必當顯得更加重要。如今的東方有成百上千萬名受過良好教育的大學畢業生，全球經濟都已感受到這個衝擊，世界各地的雇主也更想要找尋受過最佳教育與訓練的員工。我們可以預期教育會是比現在更加重要且興旺的產業。超大型城市的出現，全球部分地區人口密度很可能直線飆升，這些條件都會讓民眾更加注重自己的安全。現在已經非常龐大的健康醫療市場，在更多人、更多老年人的加持下，必定會持續膨脹。國營的健保制度搖搖欲墜，甚至有崩潰的可能，半強迫也半鼓勵民眾要為自己的醫療保健多花點錢。

群眾抗議也是另一個值得關注的趨勢，雖然這也不是現在才有。網路帶給群眾更大的動員力量，不管是抗議或者示威都比以前更方便。這迫使所有組織，無論是政府或企業，對某些行動的後果都更加審慎小心，不管是環境災害的處理、企業主管的紅利獎金或者要不要蓋新機場。要是錯估形勢，很可能在網路上、街頭上就聚集成千上萬人攻擊你的品牌、抵制你的賣場，甚至更糟糕的是發生暴動。

「資訊」本身就是個重要因素。在二〇一〇年，全球企業界儲存在硬碟上的新資訊超過七個「EB」（exbytes），而消費者儲存量也高達六個「EB」。一個「EB」有多大？大約是美國國會圖書館總資訊量的四千多倍。①這麼多的數位資訊，可以多方面運用來提升產能。資訊愈透明，責任歸屬也愈清晰，選擇也變得更多樣，組織在監督和學習上會更有效率，也能夠讓服務更貼合顧客和民眾所需。在商業方面，正如我之前說過的，數位資訊可以提供競爭優勢，根據麥肯錫（McKinsey）顧問公司分析指出，大規模運用數位資訊的零售商可以改善營運毛利率最高達六〇%以上。但是這也帶來一些道德疑慮，讓人擔心是否出現歐威爾（George Orwell）②警告的「老大哥」集權國家：誰可以使用這些資訊？它們是否安全？是如何蒐集取得？又是由誰控制擁有？

這些變化顯然都會帶來新挑戰，不過正如我一開始所說的，我是個樂觀的人。人類很幸運地擁有創造力，過去也都能克服一些挑戰。最近全球金融危機帶來的痛苦，也無法掩蓋世界經濟持續成長的事實。斯利姆子爵也說過：「情況就跟第一次發現時一樣，不會更糟也不會更好。」

① 譯註：這是數位儲存的單位，一個「GB」是十的九次方，一個「EB」是十的十八次方。
② 譯註：歐威爾（一九〇三—一九五〇）英國左翼作家，新聞記者和社會評論家。《動物農莊》和《一九八四》這兩本堪稱世界文壇政治諷喻小說的經典之作，是歐威爾的傳世作品。

不過，過去種種雖然足堪告慰，我們面對今天的挑戰也不是只靠創新和新思維就足夠，還必須重新審視我們如何組織，包括：企業、服務和城市。今日的組織需要我們不僅比過去更積極、更勤勞，也更需要我們擁有創新的自由和勇氣，自行考慮得失、承擔風險。我們需要一種可以接納改變的文化，一種能夠輕鬆回應變革的簡單制度。企業和其他組織仰賴顧客和民眾，不能只是雙方擁有共同的價值觀，更重要的是去實踐這個價值觀。他們必須面對眼前的真相，因為忠誠和信任無法立足於謊言與真假參半的流沙上頭。

在我看來，未來的組織能否成功壯大，端視它是否建立在顛撲不破的簡單原則上，這些原則很多也只是生活中至為明顯的事實，甚至是太過理所當然反而被忽略。這些原則也可以幫助我們克服人類天生的缺陷，例如，人會害怕真相、不願設定大膽目標、害怕競爭失敗，要他們寫下流程、做些簡單的事或注意細節就覺得無聊。但是這些對於成功卻是至關緊要。

我也明白這些關鍵事實被忽略，是有一些更大的文化因素，急功近利就是其中之一。不管是商業界、政治界或公共部門領導人的視野都愈趨窄小，忙著追求下一個結果，只關心明天的頭條新聞。這當然也不是什麼新鮮事，自有市場以來，獲利與否一向左右著決策，政客們也只想吸引選票，哪談得上什麼深謀遠慮。但是今天的通訊較以往更簡便迅速，才使某些問題愈發急迫尖銳。通訊工具極度發達，社群媒體和全球消費者不管身在何處都能即時相互連絡，組織領導人也因此覺得即使是最輕微的批評都必須回應，以及得即時提供好消息才行。

官僚主義也是那些重要真相遭到掩蓋的原因。正如我之前所說，官僚體系是把人組織起來以達成特定目標。因此官僚體系一向就是一種控制手段。然而隨著組織成長，糾纏不清的官僚觸鬚開始勒抑前線專業人員的積極、獨立與尊嚴，並且阻斷領導者和他們的連繫，致使上下之間難以溝通。如今管理者和被管理者之間鴻溝橫亙，什麼數位科技都難以克服。

其次是缺乏信念，不敢捍衛自己認為正確的事，不敢實話實說，怕冒犯別人。就資本主義來說，這裡有個好例子，那些銀行家和投資人的錯誤和行為失檢（說得客氣一點），不但陷全球於衰退，也讓某些人更是振振有辭，竭力宣揚自由市場、利潤與消費者力量罪大惡極，而其他人卻不敢站出來捍衛競爭的好處，不敢出來述說企業為我們帶來賴以維生的財富。這些可不都是個簡單的事實嗎？

這更讓我想起一個最有破壞力的傾向：我們都在道德相對主義的泥淖之中夢遊。執迷於吞忍，一味地想討好每個人，讓領導人有藉口逃避困難和痛苦的決定。欠缺明確的價值觀做指導，反而根據許多錯誤的理由來做決策。我所說的「錯誤」是指道德上的錯誤。商業和政治一樣，裡面並沒有什麼道德真空地帶。所謂「做正確的事」並不只是單單守法而已，也要為你的同事、顧客和生活上與你有所接觸者做出正確的決定。這可能是說，要承受一段時間的財務打擊，或者一時之間的民望低落。如果這是正確的事，是根據真實做出的決定，最重要的是，能夠反映出普遍而正確的價值，那麼它就會帶來比決策時的痛苦更為長久且深遠的好處。

管理者所受到的教導，很多都欠缺這種人道精神，不能專注不懈地執守於真實。於是乎，價值觀讓位給數字來主導企業的生命。「做正確的事」理當是企業的社會責任，這其中該是充滿著善意，如今卻常與企業思維脫節。與此同時，政客們也說政治是「可能的藝術」。這句話讓人感覺挫敗，像是明知應該採取什麼行動才對，卻欠缺意志和決心堅持到底。

根據我的經驗，真相、忠誠度、勇氣、價值觀、行動、平衡、簡單、精實、競爭、信任，這十個就是造就優秀組織的關鍵詞。我想，有些人也許還想加上第十一個：「**運氣**」。「他的運氣如何？」據說拿破崙考慮晉升軍官時都會問這句話。當然，有時候你想到一個好點子，卻比別人晚了千分之一秒；或者你明明有個非常棒的計畫，卻碰上不可控制的外力或環境因素。例如，特易購在美國推展鮮易購超商，卻遭遇二〇〇七年的金融危機。運勢正強的時候碰上一些小錯可能無關緊要，但運氣正差時或許就是大禍臨頭。

「運氣」在我們生活中是有點作用，我們每個人也都有過「好運」或「歹運」的經驗。但**重要的不在於運氣的好壞，而是你如何回應**。好運或許可以召喚勇氣，讓人全力以赴；壞運說不定也會激起人的強烈鬥志，想要展開反擊。最重要的是，了解到不如意的事情總是會有，我們應該讓自己保有一些彈性和餘裕來應付不利的突發狀況。

我在特易購的時候當然也不會事事順利，我們曾經做過很糟糕的行銷宣傳，辨認競爭對手不夠迅速即時，對於資訊科技計畫的掌握不足，真要列出來，我之前說過，可是一大串。但是這些挫折或不如意都沒有讓我們迷失方向：一九九二年特易購只能在英國拚老三，營收僅達七十億英鎊，到了二〇〇一年我們已是全球最大零售業者之一，營收高達四百四十億英鎊。而且在這段期間我們跨足十三個國家，其中八個都是名列第一或第二的龍頭。

所以，我的清單裡沒有「運氣」。不是說沒「運氣」這回事，而是因為它正、反面都說得通，因此不該被看做是一種管理手段。我提出的十個關鍵詞不會那樣飄乎不定，卻都是造就優秀組織的關鍵，都跟我的經驗相呼應。我相信這些關鍵詞在世界各地都適用。

要我從這十個關鍵詞中選出一個最重要的，我會選「真相」。找到問題真正根源，不要加以隱藏；真實地回答「這個組織的目的為何？」這個問題；對人對己都要真實無欺。這不僅是道德上的正確，也是成功管理的基礎。而真相通常來自你所服務的人、你的客戶。傾聽他們的聲音，向他們學習，隨時注意他們的建議，不要害怕艱難，你成功的機會就很大。就是這麼簡單。

真相

忠誠度

勇氣

價值觀

行動

平衡

簡單

精實

競爭

信任

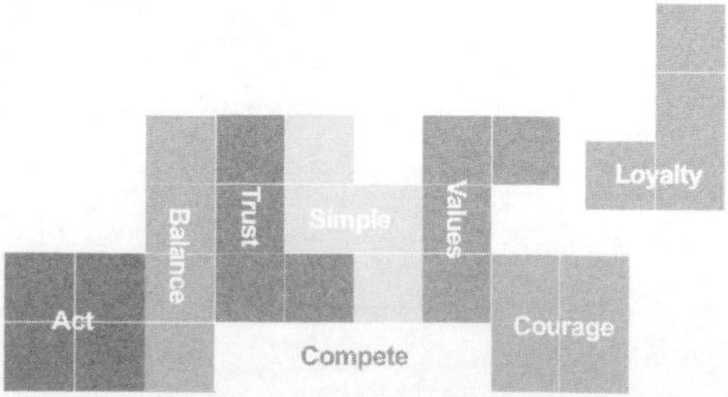

Truth

MEMO

Lean

真相

忠誠度

勇氣

價值觀

行動

平衡

簡單

精實

競爭

信任

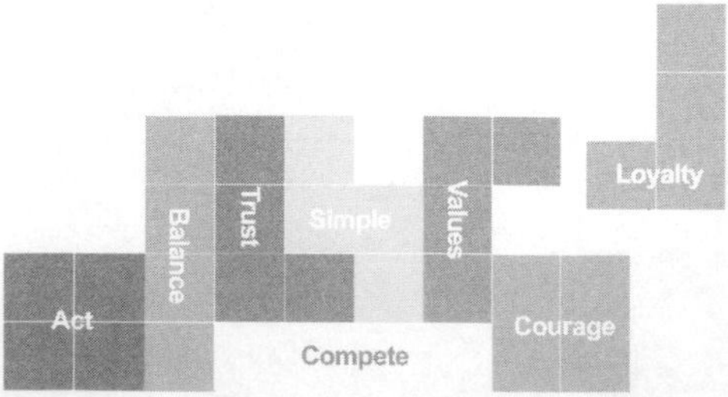

Truth

MEMO

Lean

真相

忠誠度

勇氣

價值觀

行動

平衡

簡單

精實

競爭

信任

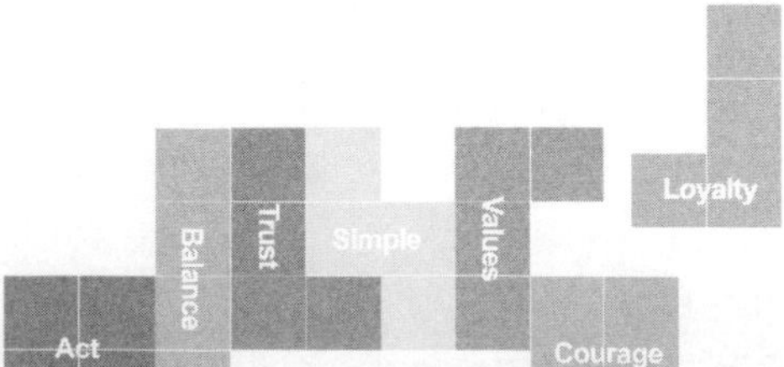

創新觀點19

10個關鍵詞讓管理完全不一樣

2013年8月初版　定價：新臺幣350元

著者	Terry Leahy
譯者	王謙茹
	陳重亨
發行人	林載爵

出版者	聯經出版事業股份有限公司
地址	台北市基隆路一段180號4樓
編輯部地址	台北市基隆路一段180號4樓
叢書主編電話	(02)87876242轉223
台北聯經書房	台北市新生南路三段94號
電話	(02)23620308
台中分公司	台中市健行路321號1樓
暨門市電話	(04)22371234ext.5
郵政劃撥帳戶第0100559-3號	
郵撥電話	(02)23620308
印刷者	世和印製企業有限公司
總經銷	聯合發行股份有限公司
發行所	新北市新店區寶橋路235巷6弄6號2樓
電話	(02)29178022

叢書主編	鄒恆月
編輯	王盈婷
封面設計	黃聖文
內文排版	陳玫稜

行政院新聞局出版事業登記證局版臺業字第0130號

本書如有缺頁，破損，倒裝請寄回聯經忠孝門市更換。　ISBN 978-957-08-4231-9 (平裝)
聯經網址：www.linkingbooks.com.tw
電子信箱：linking@udngroup.com

國家圖書館出版品預行編目資料

10個關鍵詞讓管理完全不一樣/Terry Leahy著．
王譓茹、陳重亨譯．初版．臺北市．聯經．2013年8月
（民102年）．320面．14.8×21公分（創新觀點：19）
譯自：Management in 10 words
ISBN 978-957-08-4231-9（平裝）

1.組織管理 2.職場成功法

494.2 102013711